"十四五"高等教育课程改革新形态教材

U0162821

生物工程综合实验

主　编　张玉霞　孙碧珠

副主编　李刚勇　谢　军　刘　宇　张云霄

参　编　罗中钦　王　臻　李先磊　贺爱珊

特配电子资源

● 配套资料

● 拓展阅读

● 交流互动

南京大学出版社

内容提要

生物工程及其相关专业是应用型很强的专业,实验课是教学的一个重要环节,它是培养学生动手能力、分析能力和创新能力的一个重要且不可替代的手段。《生物工程综合实验》一书是在多年的教学实践的基础上编写而成的,构建以能力培养为核心的多层次教学内容体系。全书分为七章,包含生物工程实验基础知识、基础生物学实验、生物化学实验、细胞生物学实验、微生物学实验、基因工程实验及生化工程实验,内容新颖,涉及面广。

本书可供高等院校的生物技术、生物工程、制药、化妆品等专业本科学生使用,也可供其他生命科学相关专业师生参考。

图书在版编目(CIP)数据

生物工程综合实验 / 张玉霞,孙碧珠主编. —南京:
南京大学出版社,2022.12
　　ISBN 978 - 7 - 305 - 26315 - 6

　　Ⅰ. ①生…　Ⅱ. ①张…　②孙…　Ⅲ. ①生物工程—实
验　Ⅳ. ①Q81-33

中国版本图书馆 CIP 数据核字(2022)第 227317 号

出版发行　南京大学出版社
社　　址　南京市汉口路 22 号　　　　邮　编　210093
出 版 人　金鑫荣
书　　名　**生物工程综合实验**
主　编　张玉霞　孙碧珠
责任编辑　甄海龙　　　　　　编辑热线　025 - 83592146
照　排　南京开卷文化传媒有限公司
印　刷　南京人民印刷厂有限责任公司
开　　本　787 mm×1092 mm　1/16　印张 12.75　字数 330 千
版　　次　2022 年 12 月第 1 版　2022 年 12 月第 1 次印刷
ISBN　978 - 7 - 305 - 26315 - 6
定　价　39.00 元

网　　址:http://www.njupco.com
官方微博:http://weibo.com/njupco
微信服务号:njuyuexue
销售咨询热线:(025)83594756

前 言

生命科学的研究发展日新月异,各种新技术、新方法层出不穷。教育部工程教育生物工程专业认证也对生物工程实验提出了更高的要求。现在各高校开设的实验项目和以往出版的教材上的实验项目有很大的不同,很难找到一本适用于高等院校不同层次的生物工程实验教材。因此,我们将多年来在教学和科研实践中积累的生物工程研究技术编写成《生物工程综合实验》这本教材,旨在让学生掌握生物工程研究的基本操作技能和新的实验技术,为学生独立思考问题和后期进行研究打下基础,同时适于教学改革和专业认证的需要。

教材的编写按照基础性、前沿性及通用性的要求,力求简明精练,条理清晰,内容新颖,注重激发学生的求知欲及思考问题的能力,开阔读者的视野。全书共分七章,包含60个实验,内容丰富,涵盖面广,内容既有目前生物工程研究领域中经常用到的经典实验,又有不少现代生物工程相关的新技术,目的是让学生掌握生物工程研究的最基本的技术与方法,对培养学生的动手能力、分析解决问题的能力都有很大帮助。

教材的编写由长期从事生物工程实验教学和科研的老师完成,参加编写的人员有张玉霞、孙碧珠、李刚勇、谢军、刘宇、张云霄、罗中钦、王臻、李先磊、贺爱珊等。教材的出版得到了南京大学出版社的大力支持。在此,一并表示诚挚的敬意!

由于编者水平有限,书中难免有不足之处,敬请广大同行和读者批评指正,使教材得以不断改进。

编 者

2022 年 2 月 10 日

目　录

第一章
生物工程实验基础知识

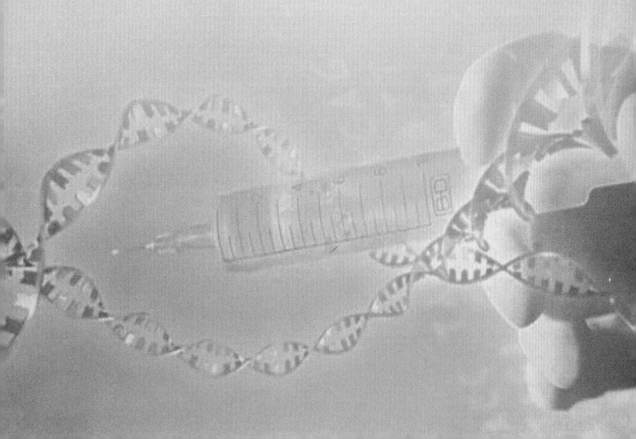

第一节 生物工程实验室规则

一、实验前认真预习实验内容,明确实验目的要求,熟悉基本原理、方法步骤和实验技能。

二、实验时遵守操作规程,遵守课堂纪律,不迟到,不早退。

三、进入实验室必须穿上实验服,留长发者必须将长发挽在背后,按号就位,听从指导老师的指导,严格认真地按操作规程操作,注意与同组同学的配合。

四、细心观察实验现象,实验数据和现象详细记录在实验记录本上,实事求是填写报告单,不允许抄袭别人的实验成果,积极思考分析实验结果。

五、爱护仪器设备,随时保持仪器的清洁;爱惜药品、材料,一切仪器、药品和材料,未经指导教师同意,不得带出实验室。

六、共用仪器的领用、借出和归还,均应办理登记手续,并检查仪器的完好情况。无论何种仪器设备,任何个人不得以任何理由长期占用。

七、试剂及蒸馏水不得滥用,按需要用量取用试剂,注意节约。

八、学生在实验中损坏仪器,应主动向老师报告。凡不按操作规程进行实验而损坏仪器的均应赔偿。

九、保存在冰箱或冷藏室中的任何物品都应加盖并注明保存者的姓名、班级、日期和内容物。

十、保持台面、地面、水槽及室内整洁。废液、废纸、火柴梗以及玻璃碎片等物不得随便抛扔或倒入水槽,应倒入废弃物贮存装置内。

十一、实验完毕,必须清点仪器,摆放整齐,做好清扫工作,经同意后方可离开实验室。

十二、室内物品一律不得私自带出室外,损坏丢失仪器应立即报告教师。

十三、学生轮流值日,值日生负责实验室当天的卫生、安全工作。

第二节 生物实验室安全规则

一、实验前检查仪器是否完整无损,装置是否正确;了解实验室安全用具的排放位置,熟悉各种安全用具(灭火器、沙桶、急救箱)的使用方法。

二、实验严格按照操作规程进行,禁止用嘴吸取菌液或试剂。若盛菌试管不慎打破、皮肤灼伤等意外情况发生,应立即报告实验指导老师,及时处理,切勿隐瞒。

三、实验进行时不得擅离岗位。熟悉实验室内水、电、气开关的分布情况,遇紧急情况时应立即关闭相应开关,水电、煤气、酒精灯等一经使用完毕立即关闭。

四、消防器械要定期检查,放置于便于取用的位置,保证随时可用,且消防器械周围不可堆放其他物品。

五、涉及有毒、刺激性、挥发性试剂的操作必须在通风橱内进行,违规者追究责任。涉及有毒、强腐蚀性试剂操作时,应戴好防护手套,在实验室指定实验台上操作,不可污染其他实验台。

六、使用时切勿使极易挥发和易燃的有机溶剂(乙醚、乙醛、丙酮、苯等)接近火焰。必须远离明火,用后立即塞紧瓶塞,放在阴凉处。

七、注意用电安全,不得用湿手接触电源插座。

八、了解化学药品的警告标志(图1-1)。

图1-1 危险化学药品分类所用标志

　　九、实验室任何药品不得进入口中或碰触伤口,浓酸、浓碱等具有强腐蚀性的药品,切勿溅在皮肤或衣服上,尤其不能溅入眼睛中,有毒药品更应注意。

　　十、火灾紧急对策,如遇火情应立即呼叫,并拨 119 报火警。

　　十一、不能在实验室内饮食、吸烟、打闹,实验结束时必须洗净双手方可离开实验室。

　　十二、实验结束离开实验室前,应切断电源(必须通电的除外)、水源、气源,关好门窗,所有实验需过夜的,应安排人员值守,防止安全事故的发生。

　　十三、生物材料如微生物材料、动物组织和血液等都可能存在细菌和病毒感染的潜伏性危险,因此处理各种生物材料必须谨慎、小心,做完实验后必须用肥皂、洗涤剂或消毒液洗净双手。

　　十四、实验涉及实验动物时,应严格按照动物实验伦理要求执行。

第三节　实验室药品管理

一、实验室药品由专职实验员负责管理,实验室配有专门的化学药品、毒品安全柜。购入药品后,逐项登记建账,并将各类药品分类合理存放。易燃、易爆、有毒害药品都须入柜保管,易燃、易爆、剧毒、强腐蚀品不得混放,并保持干燥、通风、阴凉。

二、危险品专柜采用双人管理,严格取用登记手续,确保不发生任何意外。经常检查危险物品,防止因变质、分解造成自燃、自爆事故。剧毒物品的容器、变质料、废渣及废水等应妥善处理。

三、易爆、易燃、剧毒药品的存放应贴好标签,标明名称、浓度、存量、进货日期、有效期。有毒废物(液)的处理应符合环保要求,不得随意倾倒。

四、剧毒药品实行双人双锁保管制度,领用剧毒品,必须严格执行《危险剧毒品领用制度》,经学校相关部门审批后,方可领取。做好剧毒药品的安全防盗工作,如发生化学危险品、剧毒物品被盗,立即报告校领导并及时通知公安机关。

五、药品室内严禁使用明火,杜绝因混放而诱发爆炸、燃烧等事故的发生。经常通风,保持室内卫生清洁。

六、进出实验室或使用后,必须对操作现场与周围环境做认真检查,对遗存或散落的危险剧毒品及时清扫处理。

七、实验室内不得存放与本室无关的物品,特别是有安全隐患的物品。

八、实验室管理人员要严格按照制度和要求,定期对药品进行清点,了解药品消耗情况,提出计划,及时补充,控制易燃、易爆和有毒物品的存放总量。

第四节　实验室应急处理办法

实验过程中,如发生意外事故,应立即采取适当急救措施。

一、化学污染

(1) 立即用流动清水冲洗被污染部位。
(2) 立即到急诊室就诊,根据造成污染的化学物质的不同性质用药。
(3) 在发生事件后的 48 小时内向有关部门汇报。

二、皮肤、黏膜、角膜被污染

(1) 皮肤若意外接触到血液、体液或其他化学物质时,立即用肥皂和流水冲洗。
(2) 若患者的血液、体液意外进入眼睛、口腔,立即用大量清水或生理盐水冲洗。
(3) 及时到急诊室就诊,请专科医生诊治。

三、灼伤

(1) 碱灼伤:应立即用大量水冲洗,再用 $1\%\sim2\%$ 醋酸或 3% 硼酸溶液进一步冲洗,最后再用水洗。如果碱溅入眼中,应先用大量流水冲洗,再选择适当的中和药物如 $2\%\sim3\%$ 硼酸溶液大量冲洗。
(2) 一般酸灼伤:先用大量流动清水冲洗,然后用 $2\%\sim5\%$ 的碳酸氢钠溶液、淡石灰水或肥皂水进行中和,切忌未经大量流水彻底冲洗就用碱性药物在皮肤上直接中和,这样会加重皮肤的损伤。
(3) 浓硫酸灼伤:皮肤被浓硫酸沾污时切忌先用水冲洗,以免硫酸水合时强烈放热而加重伤势,应先用干抹布吸去浓硫酸,然后再用清水冲洗。
(4) 强酸灼伤:强酸溅入眼内,用眼喷淋器冲洗时应拉开上下眼睑,使酸不至于残留在眼内和下穹窿中,并立即送医院眼科治疗。

四、割伤

先取出伤口内的异物,然后在伤口处撒上消炎粉后用纱布包扎。

五、烫伤

可先用稀 $KMnO_4$ 或苦味酸溶液冲洗灼伤处,再在伤口处抹上黄色的苦味酸溶液、烫伤膏或万花油,切勿用水冲洗。

六、起火

若因酒精、苯、乙醚等起火，立即用湿抹布、石棉布或沙子覆盖燃烧物，火势大时可用泡沫灭火器。若遇电器起火，应立即切断电源，用 CO_2 灭火器或 CCl_4 灭火器灭火，不能用泡沫灭火器，以免触电。

第五节　微生物实验室菌种管理制度

一、菌种的采购

从菌种保藏中心购入菌种斜面或冻干菌种,根据工作需要,购买国内保藏中心提供的菌种斜面提前 1 个月填写采购申请单,冻干菌种提前 2 个月申请购买,国外保藏中心提供的菌种应提前 3 个月申请购买。

二、菌种的接收

检定菌应设专人保管,管理人员应接受过专业培训,有足够的菌种保存经验。接收菌种时,应核实菌种的名称、编号、传代代数、数量、有效期等,并调查清楚菌种的保存条件和注意事项。填写菌种接收登记表,内容包括:菌种名称、菌种保藏中心编号、传代代数、接收日期、菌种来源等。新购入的斜面菌种应在 2~8℃保存,并在 1 周内转接。

三、菌种的复苏

使用人员应根据需要向菌种管理人员领取菌种,仔细核对标签上的菌名、编号,并在《菌种接收及领用登记表》上记录菌名、数量、领用人、领用日期等信息。菌种复苏应在生物安全柜内操作,解冻后不得重新冷冻和再次使用。

四、菌种保存

实验室全部菌种都应由菌种负责人记录在册并妥善保存,菌种应贴上明显的标签,标签内容应包括菌名、菌号、传代日期和有效期。冻干菌种在低温冰箱−20℃冷冻。为减缓培养基的水分蒸发,延长保藏时间,可将菌种保藏管的棉花塞换成无菌橡胶塞,放在 2℃~8℃的冰箱内保藏。每天检查一次保存菌种的冰箱温度并做记录,每周检查菌种管的棉塞是否松动,菌种外观及枯燥状态,如有异常应及时处理,并填写菌种检查记录。每次移植培养后,要与原种的编号、名称逐一核对,确认培养特征和温度无误后,再继续保存。

五、菌种的传代

每株菌种应建立菌种使用及传代记录,斜面菌种应根据其特性决定传代时间间隔。实验室正在使用的菌种由各使用者自行纯化和更新斜面。实验人员传代使用须核对名称、编号,传代代数及日期,所用培养基传代和接种规程。任何人未经允许,不得私自将菌种带出实验室或给予他人,违者从重处分或采取其他必要的措施。

表 1-1 各类斜面菌种保藏温度与传代间隔时间表

菌种	保藏温度	传代间隔时间
细菌	2~8℃	每 1 个月移植一次
放线菌	2~8℃	每 2~4 个月移植一次
酵母菌	2~8℃	每 2 个月移植一次
芽孢杆菌	2~8℃	每 3 个月移植一次
霉菌	2~8℃	每 3 个月移植一次

六、菌种的使用和销毁

受污染的菌种、过期菌种或菌种传代使用后应及时销毁,销毁时应经 121℃高压蒸汽灭菌 30 min 的生物灭活处理。

第二章

基础生物学实验

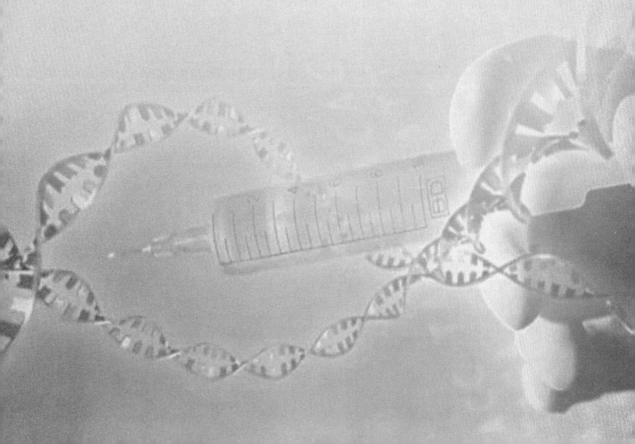

实验一　普通光学显微镜的使用和生物绘图技术

一、实验目的

1. 了解显微镜的构造和各部分的性能,掌握正确的使用技术和保养措施。
2. 学习生物绘图的基本方法。

二、实验原理

普通光学显微镜是一种精密的光学仪器,利用目镜和物镜两组透镜系统来放大成像。显微镜是打开微观世界大门的钥匙,带人们看到了许多过去看不到的微小生物和构成生物的基本单元——细胞。目前,光学显微镜的最大放大倍率约为 2 000 倍,电子显微镜的最大放大倍率超过 300 万倍,使我们对生物体的生命活动规律有了更进一步的认识。基础生物学教学大纲规定的实验中大部分要通过显微镜来完成,因此,显微镜性能的好坏也是做好观察实验的关键因素之一。

三、实验器材与试剂

1. 仪器、用具:光学显微镜、铅笔、绘图橡皮、直尺、绘图纸等。
2. 材料:南瓜茎永久装片、玉米茎横切装片、水稻茎横切装片等。

四、实验步骤

(一) 普通光学显微镜的基本构造、使用方法及保护

1. 显微镜的基本结构

显微镜构造复杂,种类繁多,但基本上是由机械部分和光学部分两部分构成(图 2-1)。

(1) 机械部分

① 镜座:为显微镜最下面的马蹄形铁座,起稳定和支撑显微镜的作用。

② 镜柱:镜座上的直立短柱,支撑显微镜的其他部分。

③ 镜臂:镜柱上方弯曲成马蹄形的部分,便于手持,镜臂和镜柱相连接处有一个能活动的倾斜关节,可使显微镜倾斜,便于观察。

④ 载物台:镜臂下端向前伸出的平台叫载物台,用来放置玻片标本,中央有一个圆

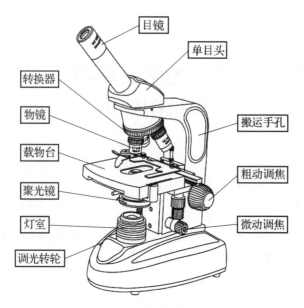

图 2-1　显微镜的基本结构

孔,叫通光孔。通光孔左右两旁一般装有一对弹簧夹,为固定玻片之用,有的装有移片器,可使玻片前后左右移动。

⑤ 调焦器:镜臂上装有两种可以转动的螺旋,一大一小,能使镜筒上升或下降,调节焦距。大的叫粗调焦器,升降镜筒较快,螺旋转动一圈,镜筒升降 10 mm,用于调节低倍镜;小的叫细调焦器,升降镜筒较慢,螺旋转动一圈,镜筒升降 0.1 mm,主要用于调节高倍镜。

⑥ 镜筒:镜臂上端连接的圆筒部分。有的显微镜镜筒内有一抽管,可适当抽长,一般长度是 160~170 mm。上端安装目镜,下端连接物镜转换器。

⑦ 转换器:镜筒下端的一个能转动的圆盘叫转换器。其上可以安装几个物镜,观察时便于调换不同倍数的镜头。

(2) 光学部分

① 反光镜:位于镜座中央,是显微镜观察时获得光源的装置。反光镜具两面,一面为平面镜,一面为凹面镜。转动反光镜,可使外面光线通过集光器照射到标本上。平面镜使光线分布较均匀。凹面镜有聚光作用,反射的光线较强,一般在光线较弱时使用。

② 接物镜:安装在转换器上,能将观察的物体进行第一次放大,是显微镜性能高低的关键性部件。一般的显微镜有 2~4 个接物镜镜头,每个镜头都是由一系列的复式透镜组成的,物镜上所刻 4×、8×、10×、40×、100×等就是放大倍数,从形态上看,接物镜越长,放大倍数越高。低倍镜常用于搜索观察对象及观察标本全貌,高倍镜则用于观察标本某部分或较细微的结构,油镜则常用于观察微生物或动植物更细微的结构。

③ 接目镜:装于镜筒上端,由二、三片透镜组成,作用是把物镜放大的物体倒立实像进一步放大成为一个虚像。在目镜上方刻有 5×、8×、10×、25×等放大倍数。从外表上看,镜头越长放大倍数越低。我们所观察到的标本的物象,其放大倍数是接物镜和接目镜

放大倍数的乘积。

④ 聚光器：也叫集光器，位于载物台下方，由两块或数块透镜组成，它能聚集来自反光镜的光线，使光度增强，可以上下移动，便于调光，集光器下有一可伸缩的光圈，由十几张金属薄片组成，可以调节进入集光器光量的多少。光线过强时，可缩小光圈，反之则张大光圈。

2. 显微镜的使用方法

（1）安放镜座：用右手握镜臂，左手托镜座，把显微镜放在自己的左前方，镜座距桌边约两寸，镜臂向后，镜筒向前。

（2）对光：用显微镜观察标本前，首先要对好光源。转动物镜转换器，使用低倍物镜对准通光孔，左眼从接目镜向下注视，拨动反光镜，当视野中能看见大片白色为佳，如视野阴暗不明，则需再调节反光镜和集光器，直到视野明亮均匀。若为自带电源，则在使用前打开电源开关，逐步调节光亮度旋钮，直至亮度合适。

（3）低倍镜的使用：将要观察的玻片标本放在载物台上，将标本与通光孔重合，沿顺时针方向旋转粗准焦螺旋，把镜筒徐徐降到物镜头差不多接近玻片标本（约半厘米）为止。在目镜中可见一模糊实像，边观察边用细准焦螺旋调节镜筒高度，直至物像清晰。

（4）高倍镜的使用：如果要观察视野内某部分更细微的结构，在低倍镜中观察不清，则需要用高倍镜观察。将要观察的部位调节至视野中心，转动镜头转换器，换高倍镜，转动细准焦螺旋调节到目镜中的像清晰。高倍镜的视野小，光线暗，观察时可以适当调节进光量，使视野清晰。如光线太弱，可放大光圈的口径或调节光亮度旋钮。

（5）油镜的使用：高倍镜下观察的标本，如果放大倍数还不够，可用油镜，同样要先在高倍镜下观察，把要观察的部分放在视野的中心。观察到清晰的物像之后，在盖玻片上表面的中央滴一小滴香柏油，再换上油镜头，使油镜头与香柏油接触，然后一边观察，一边转动细准焦螺旋以看清物像。用油镜观察完毕后，转开油镜，必须用擦镜纸沾二甲苯擦去镜头上的香柏油。

（6）关闭电源：观察结束后，降下载物台，取掉载玻片，将光源调至最弱后关闭电源。

3. 显微镜的保养

（1）取显微镜时，必须右手握住镜臂，左手托住镜座，轻拿轻放。

（2）显微镜的使用，一定要按操作方法和步骤使用，不要随便转动粗细准焦螺旋，以免机器损伤，调节失灵。

（3）载物台要保持干净，不要让水、酸、碱或其他化学药品流到载物台上，以免生锈或腐蚀。

（4）观察标本时，一定要先用低倍镜观察，再用高倍镜，低倍镜能看清，就不必用高倍镜。

（5）不能用硬纸擦透镜，必须用干净的擦镜纸或细软纱布，朝一个方向擦拭透镜，以免损坏镜头。

（6）避免阳光直射，注意防潮湿、防灰尘，经常保持镜体和镜体箱的干燥和清洁。

（二）生物绘图

1. 生物绘图的方法

生物绘图的方法有多种,最常见的是线条衬阴法和点点衬阴法。点点衬阴法即将图形画出后,用铅笔点出圆点,以表示明暗和深浅,给予立体感。在暗处点要密,明处要疏,但要求点要均匀,点点要从明处点起,一行行交互着点,物体上的斑纹描出再点点衬阴。线条衬阴法又称涂抹阴影法,是依靠线条的疏密来表示阴暗和深浅。点点衬阴法要求不能用涂抹阴影的方法代替点点。

2. 生物绘图的步骤

（1）作图前先了解作图的要求,认真观察标本,搞清实物标本的结构特点,确定好比例。严禁潦草、马虎对待,生物绘图法的精髓就是忠于事实,切忌抄书或凭空想象。

（2）掌握好比例和位置,用 HB 铅笔轻轻将图的大体轮廓画出。

（3）在草图的基础上修正细节,此时要用 2H 和 3H 铅笔,线条要流畅,打点衬影,点要匀称,点线不要重复描绘。

（4）按注图要求绘图,写上图名及班级、姓名、放大倍数等。

3. 生物绘图的要求

（1）具有高度的科学性,不得有科学性错误。形态结构要准确,比例要正确,要求有真实感、立体感且美观。

（2）图面要力求整洁,铅笔要保持尖锐,尽量少用橡皮。

（3）绘图的线条要光滑、匀称,点点要大小一致。

（4）绘图要完善,字体用正楷,大小要均匀,不能潦草。注图线用直尺画出,间隔要均匀,且一般多向右边引出,图注部分接近时可用折线,但注图线之间不能交叉,图注要尽量排列整齐。

五、实验注意事项

1. 使用显微镜时,目镜、物镜上落有灰尘时严禁用手指擦拭,需用专用的擦镜纸擦拭,防止汗水污损镜头。

2. 严禁自行拆卸显微镜,防止零件丢失及损坏。

3. 生物绘图法中除了轮廓线以外,其余表现物体立体感、大小、厚度、形态的唯一形式是打点,使用 HB 铅笔打点来表现光线明暗。打点要圆,不可拖尾,更不能忽大忽小,也不可两点重合成短线。

六、作业

1. 低倍镜与高倍镜的用途各是什么? 哪个镜头看的范围更大? 造成这种差异的原因是什么?

2. 为何在使用高倍镜前要将观察的部位调节至视野中央?

3. 使用生物绘图法绘制任意装片 1/4 的图像。

实验二　植物制片的染色及显微化学鉴定方法

一、实验目的

1. 掌握植物临时装片的制备方法、植物细胞的基本结构及其特点。

2. 学习植物制片的一般染色方法。

3. 掌握常用显微化学鉴定法,即细胞壁化学组成及细胞主要内含物性质的鉴定方法。

二、实验原理

标本制备技术是成功进行显微观察的关键,植物制片技术,将植物材料制成适合显微镜观察的薄片是植物显微技术的重要组成部分,一般是为了观察植物内部细微结构。根据保存时间,可分为临时制片和永久制片。为了使植物制片的不同细胞或组织表现出明显的区别,更好地弄清楚细微结构,一般会对制片进行染色。根据来源不同,染色剂可分为天然染料和合成染料。天然染料,从动植物体中提取纯化而成,如苏木精从苏木中提取,可对细胞核染色,用苏木精染色时需要媒染剂,通常的媒染剂是硫酸铝铵、硫酸铁铵、铜盐等溶剂,染色效果与媒染剂的性质和染色后处理方法有关,遇酸呈红色,遇碱呈蓝色。合成染料常用的有番红、固绿,番红为碱性红色染料,适用于木质化、角质化、栓质化的细胞壁以及细胞核中的染色质、染色体和花粉外壁的染色。

显微化学鉴定法是指将材料处理后,在显微镜下观察、判定细胞壁的化学组成及细胞内含物性质的方法,广泛应用于对植物器官、组织和细胞内含物的研究工作中,也应用于分辨细胞结构的观察中。化学鉴定法适用于徒手切片法切成的薄片材料的观察,但切片不能太薄,否则材料中内含物太少,化学反应效果不明显,材料的厚度在 $20\sim40\ \mu m$ 较为适宜。

三、实验器材与试剂

1. 仪器、用具:显微镜、镊子、解剖针、载玻片、盖玻片、吸水纸、纱布、染色缸、剃刀或双面刀片等。

2. 材料:菠菜、洋葱鳞茎、芹菜叶柄、土豆块茎、花生种子等。

3. 试剂:酒精、碘-氯化锌、盐酸-间苯三酚、苏丹Ⅲ、碘-碘化钾、10%氯化铁、盐酸、蒸馏水等。

四、实验步骤

1. 制作临时装片

用镊子将洋葱鳞叶表皮或新鲜菠菜叶下表皮撕下剪成 3～5 mm 的小片。在载玻片上滴一滴水，将剪好的表皮浸入水滴内（注意表皮的外面应朝上），并用解剖针挑平，再加盖玻片。加盖玻片的方法是先从一边接触水滴，另一边用解剖针顶住缓缓放下，以免产生气泡。如盖玻片内的水未充满，可用滴管吸水从盖玻片的一侧滴入；如果水太多浸出盖玻片外，可用吸水纸吸去多余的水，这样装好的片子就可以进行镜检。

2. 徒手切片法

做徒手切片时，先进行切片的准备工作，用左手的拇指和食指夹住实验材料，注意松紧适度，大拇指应低于食指 2～3 mm，以免被刀片割破。使材料伸出食指外 2～3 mm，并以无名指顶住材料，右手平稳地拿住刀片并与材料垂直。切片时为了避免材料干枯，在材料上端和刀刃上均匀地滴上清水，并使材料呈直立方向，刀片呈水平方向，再用右手的臂力，不要用腕力及指力，由左前方向右后方拉切，切成极薄的薄片（愈薄愈好），拉切的速度宜较快，不要中途停顿。连续地切下数片后，将刀片放在培养皿的清水中稍一晃动，切片即漂浮于水中。好的切片应该是薄且透明、组织结构完整，否则要重新进行切片。初切时必须反复练习，从中选取最好的薄片进行装片观察。

对于过于柔软的器官如叶片，很难直接拿在手中进行切片，这时就要夹在维持物中，一般选用莴苣茎、胡萝卜根或者泡沫塑料将要切的材料夹在其中，然后进行切片。

对经检查符合要求的切片，如果只作临时观察，可封藏在水中进行观察。若要更清楚地显示其组织和细胞结构，也可简易染色，以使结构更便于观察，也可选择一些切片进一步通过固定、染色、脱水、透明及封藏等步骤，做成永久玻片标本。

3. 常用显微化学鉴定法

（1）细胞壁化学组成显微化学鉴定法

细胞壁的化学成分主要是纤维素和木质素，还有一定量的栓质、角质和果胶等。本实验主要学习纤维素和木质素的鉴定方法。

纤维素化学鉴定法：纤维素是植物细胞壁的最主要成分，常用鉴定方法有三种：

① 碘-碘酸法：将切片材料置于载玻片上，滴 1％碘液，随后再加一滴 66.5％的硫酸使纤维素水解。处理后，纤维素细胞壁呈蓝色反应。由于硫酸可将纤维素水解成胶态纤维素，遇碘后呈现蓝色反应。纤维素的成分越多，则蓝色愈明显。

② 氯化锌-碘法：一般应用此法测定纤维素，效果比碘-碘酸法更佳。纤维素细胞壁在碘-氯化锌溶液的作用下呈现紫蓝色。

③ 碘-磷酸法：

试剂的配置方法如下：

浓硫酸	25 mL
碘化钾	0.5 g
碘（结晶）	少许

配制时要微加热，使其溶解。将此液滴在切片材料上，如细胞壁含有纤维素，则呈现深紫色的反应。

在大多数情况下，应用"氯化锌-碘法"比用"碘-硫酸法"更为方便。但由于组成此种试剂的各种成分的浓度不同以及材料性质不同，反应也常常不同，在有些情况下不一定有良好的效果。

木质素化学鉴定法：某些植物的细胞壁含有木质素，特别是输导组织中的导管和管胞以及机械组织中的纤维和石细胞等细胞木质化程度更甚。木质素鉴定最常用的方法是盐酸间苯三酚反应法，步骤如下：将切片材料置于载玻片上，滴一滴盐酸间苯三酚于材料上，在酸化作用下，木质化细胞壁经盐酸间苯三酚试剂处理后呈现紫红色或樱红色。木质化程度越强，颜色则愈深。

（2）细胞内含物的化学鉴定法

① 淀粉的鉴定：淀粉是植物中最主要的储藏物质，在不同植物细胞中呈现不同形状。用碘液处理时，淀粉与碘反应形成碘化淀粉，呈现蓝色，是唯一的淀粉颜色显微化学反应剂。

② 蛋白质的鉴定：植物细胞内储存的蛋白质常以糊粉状固体颗粒存在。常用的鉴定方法有碘试剂法和曙红-酒精苦味酸法。本实验采用碘试剂法，此法简单且可与鉴定淀粉同时进行。在切片材料上滴上碘试剂后，蛋白质被染成黄色，而淀粉则染成蓝紫色。另外，除蛋白质以外，有些其他物质也可以染成黄色，但是这些物质经水洗后均可除掉。

③ 鉴定脂肪和油常用的方法是用苏丹Ⅲ或苏丹Ⅳ酒精溶液染色，脂肪和油遇苏丹Ⅲ或苏丹Ⅳ酒精溶液被染成橘红色，染色时微微加热可以加速染色。

五、实验注意事项

1. 徒手切片时，重要的是要切下一小片平而薄的组织，而不是切下一个完整的切片。

2. 显微鉴定时所用材料的切片宜较厚，过薄的切片反而得不到良好的结果，但鉴定某些酶的切片，则须切得很薄。

六、作业

1. 简述角质与栓质的测定方法与原理。

2. 植物显微化学鉴定的特点和意义。

实验三　植物细胞有丝分裂标本制作与观察

一、实验目的

1. 掌握对植物组织、细胞的固定、离析和压片方法。
2. 了解有丝分裂的全过程及其染色体的动态变化情况。
3. 掌握有丝分裂各时期的特征。

二、实验原理

有丝分裂是细胞均等增殖的过程,是体细胞分裂的主要方式。在有丝分裂过程中,细胞内每条染色体都能复制一份,然后分配到子细胞中,因此两个子细胞与母细胞所含的染色体在数目、形态和性质上均是相同的,在各种生长旺盛的植物组织中均存在着有丝分裂。

三、实验器材与试剂

1. 仪器、用具:显微镜、恒温箱、载玻片、盖玻片、计时器、玻璃皿、剪刀、刀片、镊子、滴管等。
2. 材料:洋葱根尖。
3. 试剂:15% HCl 和 95%酒精的混合液(1:1)、0.01 g/mL 醋酸洋红溶液。

四、实验步骤

1. 洋葱根尖的培养

在实验前 3~4 天,取洋葱一个,放在广口瓶上。瓶内装满清水,让洋葱的底部接触到瓶内的水面。放在温度为 25℃的培养箱内培养,每天换水两次,使洋葱的底部总是接触到水。待根长 5 cm 时,可取生长健壮的根尖制片观察。

2. 装片的制作

(1) 解离:下午 2 时是洋葱有丝分裂的高峰期,可在此时剪取洋葱的根尖 1 mm~2 mm,立即放入含 15% HCl 和 95%酒精混合液(1:1)的玻璃皿中,在室温下解离 3 min~5 min 后取出根尖。

(2) 漂洗:待根尖酥软后,用镊子取出,放入盛有清水的玻璃皿中漂洗约 10 min,以洗去解离液,便于染色。

（3）染色：把洋葱根尖放进盛有 0.01 g/mL 醋酸洋红溶液的玻璃皿中，染色 3 min～5 min。

（4）制片：用镊子将这段洋葱根尖取出，放在载玻片上，加一滴清水，用镊子尖把洋葱根尖弄碎，盖上盖玻片，用拇指垂直轻压盖玻片，以使细胞分散开。

3. 洋葱根尖细胞有丝分裂的观察

（1）低倍镜观察：把制作成的洋葱根尖装片先放在低倍镜下观察，慢慢移动装片，要找到分生区细胞，它的特点是：细胞呈正方形，排列紧密，有的细胞正在分裂。

（2）高倍镜观察：找到分生区细胞后，把低倍镜移走，换上高倍镜，用细准焦螺旋和反光镜把视野调整清晰，直到看到清晰细胞物像。仔细观察，可先找出处于细胞分裂中期的细胞，然后再找出前期、后期、末期的细胞。注意观察各个时期细胞内染色体变化的特点。在一个视野里，往往不容易找全有丝分裂过程中各个时期的细胞。如果是这样，可以慢慢地移动装片，从邻近的分生区细胞中寻找。

五、实验注意事项

1. 解离充分是实验成功的必备条件，解离过度，细胞结构被破坏。
2. 根尖取材时要注意去除根尖乳白色根冠，取根尖分生区 2～3 mm。
3. 注意显微镜下观察到的都是死细胞，不能看到细胞分裂的动态变化。

六、作业

1. 绘出所观察到的有丝分裂图像，并总结植物细胞有丝分裂各个时期的特点。
2. 实验过程中需要注意哪些事项？

实验四　植物细胞微丝束的光学显微镜观察

一、实验目的

1. 掌握植物细胞骨架的光镜标本制作方法。
2. 了解植物细胞骨架的结构特征。

二、实验原理

细胞骨架是指真核细胞中的蛋白纤维网架体系,广义的细胞骨架包括细胞核骨架、细胞质骨架、细胞膜骨架和细胞外基质。狭义的细胞骨架是指胞质骨架,包括微丝、微管、中间纤维。细胞骨架对细胞形态的维持、细胞的生长、运动、分裂、分化和物质运输等起重要作用。

微丝、微管和中间纤维都是直径很小的结构,最大的单根微管直径 25 nm 左右,只能在电镜下观察到。光学显微镜下细胞骨架的形态学观察多用 1% 聚乙二醇辛基苯基醚(Triton X - 100)处理细胞,细胞骨架在一些情况下不稳定:如高压、低温、锇酸处理等。当用适当浓度的 TritonX - 100 处理细胞时,细胞膜溶解,质膜结构中及细胞内许多蛋白质也会溶解,而细胞骨架系统的蛋白质却不被破坏而保存下来,这样经 TritonX - 100 抽提后剩下的主要是细胞骨架成分,使得显现更清晰。M 缓冲液洗涤细胞,可以提高细胞骨架的稳定性,戊二醛固定能较好地保存细胞骨架成分,再用考马斯亮蓝 R250 染色,可使细胞骨架蛋白着色,而胞质背景着色弱,有利细胞骨架纤维显示,使得胞质中细胞骨架得以清晰显现。

三、实验器材与试剂

1. 仪器、用具:光学显微镜、镊子、剪刀、试管、表面皿、滴管、载玻片、盖玻片。
2. 材料:新鲜洋葱鳞茎。
3. 试剂:
(1) M 缓冲液(pH 7.2)各成分终浓度为:

50 mmol/L 咪唑;	50 mmol/L KCl;
0.5 mmol/L $MgCl_2 \cdot 6H_2O$;	1 mmol/L EGTA;
0.1 mmol/L EDTA - 2Na;	1 mmol/L DTT

(2) 6 mmol/L PBS 磷酸缓冲液(pH 6.5)(KH_2PO_4 : $Na_2HPO_4 \cdot 2H_2O$ = 7 : 3)
(3) 0.7% NaCl 生理盐水

(4) 1% 聚乙二醇辛基苯基醚(Triton X－100)溶于 M 缓冲液

(5) 3% 戊二醛 100 mL(25% 戊二醛 12 mL,PBS 88 mL)

(6) 0.2% 考马斯亮蓝 R250 染液 200 mL(考马斯亮蓝 R250 0.2 g;甲醇 46.5 mL;冰乙酸 7 mL;蒸馏水 46.5 mL)

附:各种主要试剂的作用

① 聚乙二醇辛基苯基醚(Triton X－100)作用:非离子去垢剂;适当浓度的 Triton X－100 可使细胞膜溶解,而细胞质中的细胞骨架系统可被保存。

② M 缓冲液和磷酸缓冲液作用:维持细胞的渗透压。

③ EDTA(乙二胺四乙酸)和 EGTA(乙二醇双醚四乙酸)作用:前者可螯合大部分金属离子;后者专一性螯合 Ca^{2+},主要是高浓度的 Ca^{2+} 可使微管解聚,因此加入 EGTA 来降低 Ca^{2+} 的浓度。

④ 戊二醛作用:良好的固定剂,使细胞结构保持原有状态。

⑤ 考马斯亮蓝作用:非专一性结合蛋白质,使蛋白着色(蓝色)。

四、实验步骤

1. 撕取洋葱鳞茎内表皮约 1 cm²,放入盛有 5 mL pH 为 6.8 的磷酸盐缓冲液的小培养皿中,浸泡 5 min。

2. 吸去磷酸盐缓冲液,用 3 mL 1%TritonX－100 室温处理洋葱表皮 120 min。

3. 除去 TritonX－100,用 3 mL M 缓冲液充分洗 3 次,每次约 3 min。

4. 加 5 mL 3%戊二醛固定 20 min。

5. 用 3 mL 磷酸缓冲液洗 3 次,每次 10 min。

6. 取 3 mL 0.2%考马斯亮蓝 R250 染色 20～30 min。

7. 用蒸馏水洗数遍,降低背景。

8. 将样品置于载玻片上,加盖玻片压片,在光学显微镜下观察。

五、实验注意事项

1. 撕取洋葱鳞茎内表皮不可带茎肉,样本要展开铺平,去垢处理要掌握好时间和温度。

2. 染色时间需掌握好,必要时可不同时间分别染色,观察时选择染色适中的平展部位观察。

3. 染色时统一到水槽旁边染色,不要污染桌面,滴加染液时要小心,不要使手被染色。

六、作业

1. 光镜下观察到的细胞骨架有何形态特征?

2. 画出所观察到的微丝图像。

实验五　植物染色体标本的制备与观察

一、实验目的

1. 掌握常规压片法制备染色体标本的基本原理和方法。
2. 了解细胞周期过程中染色体的动态变化。

二、实验原理

染色体是遗传物质的载体。植物染色体标本的制备,常用分生组织如根尖、茎尖或幼嫩的叶片做实验材料。常规压片法是观察植物染色体的常用方法,其程序包括取材、预处理、固定、解离、染色和压片等步骤。但常规压片法也有不足,染色体常不能完全散开,容易重叠、变形、断裂,影响显带结果,核型分析较困难。对植物细胞去壁低渗处理,可以弥补以上不足,方法也较为简单,无需特殊设备,能取得很好的效果。借助纤维素酶和果胶酶将细胞间的果胶和纤维素溶解掉,使植物细胞只有质膜,再进行染色并压片制备植物染色体标本,可显著提高染色体的分散程度,分散良好的标本片可用于染色体计数、组型分析、显带、显微操作、原位杂交等分子细胞遗传学研究领域。

三、实验器材与试剂

1. 仪器、用具:光学显微镜、恒温培养箱、剪刀、镊子、刀片、培养皿、吸水纸、滴管、载玻片、盖玻片。

2. 材料:小麦根尖。

3. 试剂:0.1％秋水仙素溶液、Carnoy 固定液(甲醇：冰乙酸＝3：1)、1 mol/L HCl、亚硫酸水溶液(漂洗液)、纤维素酶、果胶酶、改良苯酚品红染色液(Carbor fuchsin)。

四、实验步骤

1. 取材:将小麦培养在培养皿中,25℃温箱发芽,待胚根长达 1～2 cm 时,剪取 0.5 cm 长的根尖部分。

2. 预处理:剪下根尖浸入 0.1％的秋水仙素溶液中,室温下处理 3～4 小时。也可将剪下的根尖放置冰箱,在 0～3℃条件下处理 24 小时,使分裂的细胞尽可能集中于分裂中期。秋水仙素处理能使大量细胞分裂停留在中期,有助于观察染色体。

3. 固定:将经过处理的根尖材料用水洗净,放入 Carnoy 固定液固定 2 h,换入 70％的酒精,使细胞的分裂活动处于停滞状态,冰箱中保存备用,保存时间最好不超过两个月。

4. 解离:将固定好的根尖用水漂洗 5 次,每次 3 min,取出根尖放入 1 mol/L HCl (58~60℃解离对比)解离 14~15 min,软化去除细胞壁及果胶物质,使细胞易于分散。自来水冲洗,再加入 1% 纤维素酶和果胶酶混合酶液 1 mL,在 28℃ 温箱中酶解 30 min。

5. 洗涤:吸取酶液,加蒸馏水慢慢冲洗 3~5 次,最后置于蒸馏水中,低渗 30 min。低渗处理使细胞体积增大,染色体分散,容易观察计数。

6. 染色:将根尖置于载玻片中央,用刀片将根管和伸长区去掉,只留乳白色的分生区,用改良苯酚品红染色液染色 5~10 min,盖上盖玻片。

7. 压片:在盖玻片上面覆以吸水纸,用拇指垂直压片,然后用铅笔的橡皮头轻轻均匀地在同一个方向敲打盖玻片,使细胞和染色体分散,直至材料呈雾状。

五、实验注意事项

1. 植物根尖生长点与茎生长点,不存在 G0 期,不断分裂,所以一般取根尖实验。
2. 秋水仙素处理,能使大量细胞分裂停留在中期,有助于观察染色体。
3. 低渗溶液使细胞体积增大,染色体分散,容易观察计数。

六、作业

1. 简述前处理过程中加入秋水仙素的作用,以及酸解的时间和温度对染色体标本制片质量的影响。
2. 绘制 1 张有丝分裂中期细胞染色体图像,简要说明其染色体特征。

实验六　叶绿体的分离与荧光观察

一、实验目的

1. 通过植物细胞叶绿体的分离,了解细胞器分离的一般原理和方法。
2. 熟悉应用荧光显微镜方法观察叶绿体的自发荧光和次生荧光。

二、实验原理

叶绿体是植物细胞的能量转换站,光合作用在叶绿体中进行。叶绿体是细胞生物学、遗传学和分子生物学的重要研究对象。将组织匀浆后悬浮在等渗介质中进行差速离心,是分离细胞器的常用方法。细胞器分离的过程包括两个主要阶段:破碎细胞和细胞组分的分离。在等渗溶液中进行组织匀浆,叶绿体的分离采用差速离心或密度梯度离心法,一个颗粒在离心场中的沉降速率取决于颗粒的大小、形状和密度,也同离心力以及悬浮介质的黏度有关。在一给定的离心场中,同一时间内,密度和大小不同的颗粒其沉降速率不同。依次增加离心力和离心时间,能够使非均一悬浮液中的颗粒按其大小、密度先后分批沉降在离心管底部,分批收集即可获得各种亚细胞组分。

叶绿体是植物细胞中较大的一种细胞器,利用低速离心即可分离集中进行各种研究。叶绿体的分离应在等渗溶液(0.35 mol/L 氯化钠或 0.4 mol/L 蔗糖溶液)中进行,以免渗透压的改变使叶绿体损伤。将匀浆液在 1 000 r/min 的条件下离心 2 min,以去除其中的组织残渣和未被破碎的完整细胞。然后,在 3 000 r/min 的条件下离心 5 min,即可获得沉淀的叶绿体(混有部分细胞核)。分离过程最好在 0~5℃ 的条件下进行;如果在室温下,要迅速分离和观察。

利用荧光显微镜对可发荧光的物质进行检测时,荧光的观察受到许多因素的影响,如温度、光、淬灭剂等。因此在荧光观察时应抓紧时间,有必要时立即拍照。另外,在制作荧光显微标本时最好使用无荧光载玻片、盖玻片和无荧光油。本实验就是利用荧光显微镜观察叶绿体的自发荧光和间接荧光。

三、实验器材与试剂

1. 仪器、用具:离心机、组织捣碎机、天平、荧光显微镜、烧杯、量筒、滴管、离心管、试管架,纱布若干、无荧光载玻片和盖玻片等。
2. 材料:新鲜菠菜。
3. 试剂:0.35 mol/L 氯化钠溶液、0.01% 吖啶橙(acridine orange)。

四、实验步骤

1. 叶绿体的分离与观察

（1）选取新鲜的嫩菠菜叶，洗净擦干后去除叶梗和叶脉，称 10 g 于 50 mL 0.35 mol/L NaCl 溶液中，装入组织捣碎机，低速（5 000 r/min）匀浆 3～5 min。

（2）将匀浆用 2 层纱布过滤于 10 mL 烧杯中。

（3）将滤液装入离心管中，在 1 000 r/min 下离心 2 min，弃去沉淀。

（4）将上清液在 3 000 r/min 下离心 5 min，弃去上清液，沉淀即为叶绿体（混有部分细胞核）。

（5）将沉淀用 0.35 mol/L NaCl 溶液悬浮。

（6）取上述叶绿体悬液一滴滴于载玻片上，加盖玻片后即可在普通光镜和荧光显微镜下观察：

① 在普通光镜下观察。

② 在荧光显微镜下观察叶绿体的直接荧光。

③ 在荧光显微镜下观察叶绿体的间接荧光，取叶绿体悬液一滴滴在无荧光载玻片上，再滴加一滴 0.01％吖啶橙荧光染料，加盖玻片后即可在荧光显微镜下观察。

2. 菠菜叶手切片观察

用剃须刀片将新鲜的嫩菠菜叶切削出一斜面置于载玻片上，滴加 1～2 滴 0.35 mol/L NaCl 溶液，加盖玻片后轻压，置显微镜下观察。

（1）在普通光镜下观察。

（2）在荧光显微镜下观察其直接荧光。

（3）观察其间接荧光：向所制手切片上滴加 1～2 滴 0.01％吖啶橙染液，染色 1 min，洗去余液，加盖玻片后即可在荧光显微镜下观察其间接荧光。

五、实验注意事项

1. 差速离心时要控制离心速度和时间，否则会影响叶绿体的观察，甚至可能无法分离出叶绿体。

2. 差速离心分离出叶绿体时，其中含有部分细胞核碎片，要想获得更纯的叶绿体，可以用密度梯度离心法。

3. 要注意使用荧光显微镜的方法和操作，切勿弄错步骤，否则会损坏仪器。

六、作业

1. 在荧光显微镜下，观察叶绿体的自发荧光时，更换滤镜系统，叶绿体的颜色是否有变化？

2. 游离叶绿体和细胞内的叶绿体，在荧光显微镜下，其颜色和强度（光强）有无差异？为什么？

实验七　植物气孔比较及蒸腾速度测定

一、实验目的

1. 通过显微镜观察，比较不同生态类型植物叶片正背面的气孔数目和密度。
2. 了解蒸腾作用的意义和掌握蒸腾速率测定方法。

二、实验原理

蒸腾作用是水分从活的植物体表面以水蒸气状态散失到大气中的过程，是植物水分代谢的重要过程，蒸腾速率是计量蒸腾作用强弱的一项重要生理指标。蒸腾作用可以为大气提供水蒸气，使空气保持湿润。蒸腾的快慢与水分和矿质盐等在植物体内上运的速度以及叶片温度等都有关系。蒸腾作用是植物吸收和运输水分的一个主要动力，由蒸腾拉力引起吸水过程，植株较高部分也可获得水分。由于矿质盐类要溶于水中才能被植物吸收和在体内运转，矿物质也随水分的吸收和流动而被吸入和分布到植物体各部分中去。蒸腾作用还能够降低叶片的温度，太阳光照射到叶片上时，大部分能量转变为热能，在蒸腾过程中，水变为水蒸气时需要吸收热能，降低叶片表面的温度，使叶子在强光下进行光合作用而不致受害。蒸腾速率还可以作为确定需水程度的重要指标。所以在研究植物水分代谢时，测定蒸腾速率很有必要。

植物的蒸腾作用，气孔蒸腾占着重要的地位。气孔在叶面上的数目及孔度的大小与气孔蒸腾的强度有密切的关系，单位面积上气孔的数目可用显微镜计数每一视野中的数目，而后用物镜测微尺量得视野的直径，求得视野面积，由此计算单位叶面上气孔的数目。了解气孔在叶面的分布和数目，对理解植物的蒸腾作用有着重要意义。

三、实验器材与试剂

1. 仪器、用具：显微镜、物镜测微尺、镊子、毛笔、载玻片、盖玻片、滴瓶、滤纸片、烘箱、瓷盘、剪刀、干燥器。
2. 材料：旱生植物、中生植物、湿生植物各选几种。
3. 试剂：火棉胶、乙二醇、异丁醇、氯化钴。

四、实验步骤

1. 气孔数目及密度测定

(1) 气孔数目

① 每种实验植物选定三株,在每株上选定三片健康叶,用毛笔将火棉胶涂在选定叶片的上表皮和下表皮。

② 数分钟后,撕下火棉胶膜,显微镜下计数视野中气孔的数目,移动载玻片,在膜的不同部位进行计数 5～6 次,求平均值。

(2)气孔密度特征

① 按上述方法,依次观测每种实验植物的每个选定植株,选定叶片的上表皮和下表皮。

② 根据所观测的数据,分别求出每种植物叶片的上表皮和下表皮的气孔密度,用气孔/mm^2表示。

(3)气孔开闭状况的观测

将上面实验中的火棉胶膜放在高倍镜下观察,即可观察到当时气孔的开闭情况,用显微镜测微尺量出气孔孔径大小,每种植物 6～8 个气孔,取平均值。

2. 叶表面蒸腾作用观察

(1)氯化钴滤纸的制备:将滤纸剪成宽 0.8 cm、长 20 cm 的滤纸条,浸入 5％氯化钴溶液中,待浸透后取出,用吸水纸吸去多余的溶液,将其平铺在干燥的玻璃板上,然后置于烘箱中 70℃烘干,选取颜色均一的滤纸条,小心而精确地切成 0.8 cm 的小方块,再行烘干,将滤纸取出贮于有塞试管中,再放入氯化钙干燥器中备用。

(2)从干燥器中取出干燥的氯化钴滤纸片(浅蓝色),紧贴在被测叶片的上下表面,再用干燥的载玻片盖在上面,用橡皮筋扎紧。

(3)记录氯化钴滤纸片由浅蓝色变红所需的时间,重复三次,求平均值。若 20 min 还未变色,蒸腾速率可忽略。

3. 蒸腾速率的测定

取两片载玻片及与其大小一致的薄橡皮一块,在其中央开 1 cm^2 的方孔,用胶水将它固定在一块载玻片上,另准备一只弹簧夹。用镊子从干燥器中取出 $CoCl_2$ 滤纸小块,放在玻片上的橡皮方孔中,立即置于待测叶片的背面,将另一玻片放在叶子正面的相应位置上,用夹子夹紧,同时记下时间,注意观察 $CoCl_2$ 滤纸的颜色变化,待全部变为粉红色时,记下时间。以未夹叶片的相同装置作空白测定,重复 3 次。叶片 1 cm^2 蒸腾水量即是 $CoCl_2$ 滤纸的标准吸水量减去空白测定值。根据 $CoCl_2$ 滤纸变为粉红色的时间,计算出叶片的蒸腾强度,其单位是:mg/cm^2 · min。也可根据 $CoCl_2$ 滤纸变色所需时间的长短,比较蒸腾作用的相对强度,做半定量测定。每一处理最少要测 10 次,然后求其平均值。

$$蒸腾指数＝CoCl_2滤纸标准化时间/在叶片上 CoCl_2滤纸变色时间$$

五、作业

1. 对植物不同生态条件下的气孔数目、密度、开闭状况及孔径大小的认识。

2. 植物蒸腾作用与哪些因素有关?

实验八　植物细胞的质壁分离与质壁分离复原

一、实验目的

1. 了解植物细胞质壁分离的原理,学会观察植物细胞质壁分离和复原的方法。

2. 理解渗透作用的原理和条件,了解渗透势与植物水分代谢、生长及抗逆性等的密切关系。

3. 规范显微镜的使用方法。

二、实验原理

生长的植物细胞是一个渗透系统,细胞膜是一个半透膜系统。活细胞的原生质及其表层具有透性,原生质层内部含有一个大液泡,具有一定的溶质势。当细胞液的浓度小于外界溶液的浓度时,即细胞与外界高渗溶液接触时,细胞液中的水分就透过细胞膜进入外界溶液中,使细胞壁和细胞膜都出现一定程度的收缩。由于原生质层比细胞壁的伸缩性大,失水持续发生时,原生质会随着液泡一起收缩,原生质层就会与细胞壁逐渐分离开来,发生质壁分离现象。

当细胞液的浓度大于外界溶液的浓度时,即细胞与低渗溶液接触时,外界溶液中的水分就透过细胞膜进入细胞液中,具有液泡的原生质体就又吸水,整个原生质体就会慢慢地恢复成原来的状态,而发生质壁分离复原。

三、实验器材与试剂

1. 仪器、用具:显微镜、培养皿、载玻片、盖玻片、刀片、尖头镊子、解剖针、酒精灯、火柴、吸水纸。

2. 材料:洋葱鳞叶。

3. 试剂:0.03%中性红溶液、1 mol/L硝酸钾溶液。

四、实验步骤

1. 制片:将载玻片洗净晾干,中央滴一滴蒸馏水。切下一片较幼嫩的洋葱鳞片,用刀片在鳞片内侧割划成0.5 cm左右的小块,用镊子将内表皮小块轻轻撕下,投入0.03%的中性红溶液中染色5~10 min,取出1~2片,在蒸馏水中稍加冲洗,小心地将其平展铺到载玻片水滴中,盖上盖玻片,在显微镜下观察,可以看出明显的液泡染色,无色透明的原生质层则紧贴细胞壁。

2. 观察质壁分离现象：在显微镜上取下装片，放在实验桌上。从盖玻片的一边滴一滴 1 mol/L 硝酸钾溶液并在对边用滤纸吸水，将硝酸钾溶液引入盖玻片下，使硝酸钾溶液与制片接触，立即用高倍镜观察细胞发生的变化，可看到细胞内很快发生质壁分离，中央液泡变小，原生质层脱离细胞壁。

3. 观察细胞质壁分离的复原现象：观察到质壁分离后，从显微镜上取下装片，放在实验桌上。从盖玻片的一侧滴入清水，在对边用滤纸缓缓吸去硝酸钾溶液，重复几次。洋葱鳞片叶表皮浸润在清水中，使质壁分离剂（即高渗的硝酸钾溶液）基本上被洗掉。用高倍显微镜观察，可看到质壁分离停止进行，中央液泡逐渐胀大，原生质层又逐渐贴向细胞壁，最后又充满整个细胞腔，这就是质壁分离复原现象。质壁分离复原缓缓进行时，细胞仍会正常存活；如进行很快，则原生质体会发生机械破坏而死亡。

4. 另取一部分制片置于载玻片上，先在酒精灯上加热以杀死细胞，再引入高渗的硝酸钾溶液，观察有无质壁分离发生。

五、实验注意事项

1. 在实验中，当质壁分离现象出现后，观察时间不宜过长，以免细胞因长期处于失水状态而死亡，影响质壁分离复原现象的观察。

2. 观察质壁分离和复原的整个过程中，细胞一定要保持活性，使用的外界溶液浓度要适当，浓度过大，质壁分离速度快，会影响细胞的活性。

3. 洋葱未经过处理时也可取外表皮作为实验材料，外表皮呈紫色可不经染色，直接观察质壁分离复原现象。

六、作业

1. 绘制细胞的质壁分离及质壁分离复原图。

2. 参考植物细胞的质壁分离现象，以小组为单位讨论动物细胞的失水与吸水的过程，并比较植物细胞与动物细胞失水与吸水过程的异同。

实验九 植物组织及植物形态观察

一、实验目的

1. 巩固显微镜的使用方法。

2. 掌握植物形态结构及植物各组织的基本特征。

3. 了解常见的植物,认识各类植物的根、茎、叶、花、果实、种子。

二、实验原理

植物是生命的主要形态之一,可以分为藻类植物、苔藓植物、蕨类植物、裸子植物、被子植物等,据估计现存大约有 450 000 个物种。植物组织由来源相同和执行同一功能的一种或多种类型细胞集合而成,包括五大基本组织:保护组织、输导组织、营养组织、机械组织、分生组织,植物组织的出现是植物进化层次更高的标记。

植物共有六大器官:根、茎、叶、花、果实、种子。根负责吸收水分及无机离子,具有支持、贮存合成有机物质的作用,由薄壁组织、维管组织、保护组织、机械组织和分生组织细胞组成。茎是植物体中轴部分,具有输导营养物质和水分以及支持叶、花和果实在一定空间分布成形的作用。叶是维管植物营养器官之一,可以进行光合作用合成有机物,借助蒸腾作用为根系吸收水和矿质营养提供动力。花生于花托上,外层是花瓣,中间包裹着雄蕊及雌蕊,是具有繁殖功能的变态短枝。果实由花的雌蕊发育而来,主要是作为传播种子的媒介。种子是种子植物的胚珠经受精后长成的结构,一般有种皮、胚和胚乳等组成,具有繁殖和传播的作用,为植物的种族延续创造了良好的条件。

三、实验器材与试剂

1. 仪器、用具:普通光学显微镜、载玻片、盖玻片、镊子、刀片、纱布、培养皿、吸水纸、小烧杯、尼龙纱、玻璃棒等。

2. 材料:蚕豆叶片、树木 2~3 年生枝条、梨、梨茎尖纵切片、南瓜茎纵横切片、水稻茎横切片、柑橘果皮横切片和洋葱根尖切片。

3. 试剂:5%间苯三酚乙醇溶液、40%盐酸。

四、实验步骤

（一）植物组织观察

1. 分生组织

（1）观察茎尖纵切面：取梨茎尖纵切片，显微镜观察。

（2）观察维管形成层细胞：取树木 2～3 年生枝条，将枝条的树皮剥开，从树皮被撕开的面上用刀片刮取一层薄壁细胞做成临时装片，显微镜观察形成层细胞。

（3）观察分生组织有丝分裂：将洋葱根尖永存片放置低倍镜下，观察不同分裂时期的细胞；换高倍镜观察其各时期的主要特征。

2. 保护组织

（1）观察初生保护组织：取蚕豆叶片，用镊子撕取叶片表皮，制成临时装片；放置在低倍镜下进行观察。

（2）观察次生保护组织：取树枝枝条，一层一层轻轻刮开树皮，镜检观察周皮的结构。

3. 机械组织

（1）厚角组织：取南瓜茎横切片，在低倍镜下识别棱角处，再换高倍镜，由外而内观察。

（2）厚壁组织：观察厚角组织内方的纤维结构，即为厚壁组织。

（3）石细胞：取梨果实近中部的一小块果肉，挑取沙粒状组织置于载玻片上，用镊子柄部压散，在载玻片上加蒸馏水，盖上盖玻片观察。后用盐酸浸透 3～5 min，再加 5％间苯三酚乙醇溶液进行观察。

4. 输导组织

取南瓜茎纵横切片进行观察。

5. 维管束的组成和类型

（1）取南瓜茎横切片在低倍镜下进行观察。

（2）取水稻茎横切片在高倍镜下进行观察。

6. 分泌结构

取柑橘果皮横切片，显微镜下观察分泌腔。

（二）植物形态观察

1. 植物根

（1）根的分类：

直根系：主根明显，主根上生出侧根。

须根系：无明显主根和侧根区别，呈须状。

（2）根的作用：根具有固着、吸收，输送水和无机盐，贮藏营养的功能。少数植物的根也有繁殖的功能。

（3）根的变态：

贮藏根——肉质根、块根。

气生根——支柱根、呼吸根。

2. 植物茎

（1）茎的分类：木本茎、草本茎、藤本茎。独立主干的木本茎是乔木，无明显主干的木本茎是灌木。

（2）茎的作用：具有输导、支持的功能，少数植物的茎也有繁殖和储藏营养的作用。

（3）茎的变态：

地上茎的变态——叶状枝、茎卷须、肉质茎。

地下茎的变态——根状茎、块茎、球茎、鳞茎。

3. 植物叶

（1）叶的组成：叶柄、叶片、托叶。

（2）叶的形态：叶形、叶脉、单叶和复叶，一个叶柄上只生一片叶的，叫作单叶；一个叶柄上生有两片以上叶片的，叫作复叶。

（3）叶的形状：针形、带形、披针形、椭圆形、卵形、菱形、匙形、扇形、肾形、三角形、镰形、心形、鳞形、圆形、掌形。

4. 植物花

花的组成：花柄、花托、花萼、花冠、雄蕊、雌蕊。

五、作业

1. 观察几种校园植物，认识其所属科属，简述该科植物的特点。

2. 分别以叶和花为例，观察植物的营养器官及繁殖器官。

实验十　血细胞的观察及人类 ABO 血型鉴定

一、实验目的

1. 掌握血涂片的制作方法。
2. 观察血细胞的形态及在不同环境下的反应。
3. 学习鉴别血型的方法,观察红细胞凝集现象。

二、实验原理

血涂片显微镜检查是血液细胞学检查的基本方法,在临床上被广泛应用,血涂片是血液学检查的重要基本技术之一。涂片技术是制备血液样品最常用的技术,血涂片制备和染色不好,会导致细胞鉴别困难。血涂片制备是将血液样品制成单层细胞的涂片标本,要求厚薄适宜,分布均匀,染色良好,染色后可对血液中各种细胞进行形态观察、细胞计数、细胞大小测量等工作。

血型是指红细胞膜上特异性抗原类型,是根据存在于红细胞膜外表面的特异性抗原来确定的,这种抗原是由遗传基因决定的。血清中的抗体可与红细胞膜上的不同抗原结合,产生凝集反应,最后发生红细胞的溶解。

ABO 血型系统根据受试者红细胞上是否含有凝集原和凝集原的种类,将血型分为 A、B、O 及 AB 型。ABO 血型鉴定是将受试者红细胞分别加入标准 A 型血清、标准 B 型血清中进行鉴定。

三、实验器材与试剂

1. 仪器、用具:显微镜、医用一次性采血针、消毒牙签、酒精棉球、镊子、经脱脂洗净的载玻片、盖玻片。
2. 材料:人血。
3. 试剂:标准抗 A 血清、标准抗 B 血清、瑞氏染液、0.9%NaCl 溶液、去离子水等。

四、实验步骤

1. 血涂片的制作

(1) 消毒与采血:按摩指腹部位,保证血流通畅,用 70%酒精消毒表面,干燥后用采血针刺破指腹,使血液自然流出(第一滴血不要),挤出第二滴血,滴在载玻片一端,注意手指持载玻片的边缘,不触及表面,也不能使载玻片接触取血部位的皮肤。

（2）推片：另取一块载玻片作推片，置于血滴前方，向后移动到接触血滴，推片与载玻片呈 45°角使血液均匀分散，向另一端平稳地推出血液薄膜，迅速在空气中摇，使之干燥。

（3）染色：将瑞氏染色液滴在血膜上，至染液淹没全部血膜，染色 1～3 min。然后加等量去离子水与染色液混合后再染色 5 min。最后用蒸馏水把染色液洗掉，用吸水纸吸干，自然干燥后，即可观察。

（4）封片：经染色的涂片完全干燥后，用中性树胶封片保存。

（5）显微镜观察：显微镜下观察血涂片，血细胞包括红细胞、白细胞和血小板。

红细胞：小而圆，没有细胞核，在血涂片中最多，常被染成淡红色，细胞的边缘厚，中间薄，使细胞边缘的颜色比中间得深。

血小板：为不规则的细胞质小块或碎片，形状像雪花，在血小板中有细小的紫蓝色颗粒。血小板常聚集在红细胞之间。

白细胞：分为有粒白细胞和无粒白细胞，有粒白细胞包括嗜酸性白细胞、嗜碱性白细胞和嗜中性白细胞；无粒白细胞包括淋巴细胞和单核细胞。

2. ABO 血型鉴定

（1）将载玻片洗干净，擦干，不能留有水分，以防溶血。

（2）用酒精棉球消毒无名指，等酒精挥发后，用采血针采血，将血液分别滴入血清中，再用牙签混合，室温下静置 10～15 min，观察凝集现象。

（3）实验结果观察

① 只在抗 A 血清中有凝集反应，则血型为 A 型。

② 只在抗 B 血清中有凝集反应，则血型为 B 型。

③ 在抗 A 及抗 B 血清中均有凝集反应，则血型为 AB 型。

④ 在抗 A 及抗 B 血清中均无凝集反应，则血型为 O 型。

五、实验注意事项

1. 新载玻片有游离碱质，要用 10％盐酸浸泡 24 小时，再用清水和去离子水清洗。使用玻璃片时只能手持边缘，切忌触及玻片表面，以保持玻片清洁、干燥、无油腻。

2. 血涂片制好后，立即固定染色，以免细胞溶解和发生退行性变化。血膜必须要干燥，以免在染色过程中脱落。

3. 推片时两张切片呈 45°角，推片要匀速，连续进行，中途不要中断。

4. 染色时间应视具体情况而定。染色与染液浓度、室温高低、细胞多少有关。染色液浓度越淡，室温越低，细胞越多，所需要的染色时间越长，或适当增加染色液。

六、作业

1. 说明红细胞在不同渗透环境中的变化情况并讨论原因。

2. 如果没有标准血清，已知某人血型为 A 型，能否用来鉴定其他人的血型，若能，如何鉴定？

实验十一　质粒 DNA 的提取及鉴定

一、实验目的

1. 掌握碱裂解法少量制备质粒 DNA 的原理和方法。
2. 掌握琼脂糖凝胶电泳检测 DNA 的方法和技术。
3. 掌握有关的技术和识读电泳图谱的方法。

二、实验原理

细菌质粒是一类存在于细胞质中双链、闭环的 DNA,独立于细胞染色体之外的自主复制的遗传成分。目前有多种方法可用于质粒 DNA 提取,本实验采用碱裂解法提取质粒 DNA。碱裂解法提取质粒是根据共价闭合环状质粒 DNA 与线性染色体 DNA 在拓扑学上的差异来分离。当菌体在 NaOH 和十二烷基硫酸钠溶液(SDS)中裂解时,蛋白质与 DNA 发生变性,共价闭环质粒 DNA 的氢键会断裂,但两条互补链彼此盘绕,仍会紧密地结合在一起。当加入中和液后,质粒 DNA 分子能够迅速复性,呈溶解状态,而线性染色体 DNA 的两条互补链彼此已完全分开,复性就不会那么迅速而准确,它们缠绕形成网状结构,通过离心,染色体 DNA 与不稳定的大分子 RNA、蛋白质- SDS 复合物等一起沉淀下来而被除去。

电泳常用于分离和纯化那些分子大小、电荷性状或构象有所不同的生物大分子,尤其是蛋白质和核酸。分子生物学实验中最为常用的是琼脂糖凝胶电泳。DNA 分子在琼脂糖凝胶中泳动时有电荷效应和分子筛效应。DNA 分子在 pH 高于等电点的溶液中带负电荷,在电场中向正极移动。在一定的电场强度下,DNA 分子的迁移速度取决于分子筛效应,即 DNA 分子本身的大小和构型。具有不同的相对分子质量的 DNA 片段泳动速度不一样,可进行分离。质粒有三种构型:超螺旋的共价闭合环状质粒 DNA;开环质粒 DNA,即共价闭合环状质粒 DNA 一条链断裂;线状质粒 DNA,即共价闭合环状质粒 DNA 两条链发生断裂。这三种构型的质粒 DNA 分子在凝胶电泳中的迁移率不同,因此电泳后呈三条带,超螺旋质粒 DNA 泳动最快,其次为线状 DNA,最慢的为开环质粒 DNA。

三、实验器材与试剂

1. 仪器、用具:恒温摇床、台式离心机、高压蒸汽灭菌锅、琼脂糖凝胶电泳系统、紫外线透射仪、电炉子。

2. 材料：大肠杆菌。

3. 试剂：溶液Ⅰ、溶液Ⅱ、溶液Ⅲ、无水乙醇、TE 缓冲液（10 mmol/L Tris‐HCl；1 mmol/L EDTA，pH 8.0）、胰 RNA 酶、酚、氯仿、Luria‐Bertani 培养基（胰蛋白胨 10 g/L；酵母提取物 5 g/L；氯化钠 10 g/L，pH 7.4）、氨苄霉素（Ampicillin）、凝胶加样缓冲液[30 mmol 乙二胺四乙酸（EDTA）；36%（v/v）甘油；0.05%（w/v）二甲苯腈蓝 FF；0.05%（w/v）溴酚蓝]、琼脂糖、溴化乙锭（EB）、1×Tris‐硼酸（TBE）缓冲液（45 mmol/L Tris‐硼酸；1 mmol/L EDTA，pH 8.0）。

四、实验步骤

1. 质粒的提取

（1）将 2 mL 含氨苄霉素（100 μg/mL）的 Luria‐Bertani 液体培养基加入灭菌试管中，接入含 pUC19 质粒的大肠杆菌，放入恒温振荡培养箱，37℃振荡培养过夜。

（2）取 1.5 mL 培养物倒入微量离心管中，4 000 r/min 离心 2 min。吸取上清液，使细胞沉淀尽可能干燥。

（3）将细菌沉淀悬浮于 100 μL 溶液Ⅰ中，剧烈振荡打散菌体，室温放置 10 min。

（4）加 200 μL 溶液Ⅱ（新鲜配制），盖紧管盖混匀，将离心管置于冰上 5 min，使液体由混浊变为透明黏稠。

（5）加入预冷的 150 μL 溶液Ⅲ，盖紧管盖，温和颠倒离心管数次，冰上放置 15 min。

（6）向上清液中加入等体积酚：氯仿（1∶1）混合液，反复混匀，12 000 r/min 离心 5 min，将上清液转移到另一离心管中。

（7）向上清液中加入 2 倍体积冰冷无水乙醇，混匀后，室温放置 5～10 min。12 000 r/min 离心 5 min。倒去上清液，把离心管倒扣，吸水纸上吸干液体。

（8）用 1 mL70%乙醇洗涤质粒 DNA 沉淀，振荡并离心，倒去上清液，室温静置 15 min 干燥。

（9）加 20 μL TE 缓冲液，使 DNA 完全溶解，用于定量分析、电泳检测等。

2. 质粒的鉴定

（1）制备琼脂糖凝胶：称取 100 mg 琼脂糖，放入锥形瓶中，加入 10 mL 1×TBE 缓冲液，加热至完全融化，待温度降至 60℃左右时，加入 EB 摇匀，则为 1%琼脂糖凝胶。

（2）胶板的制备：取有机玻璃内槽，洗净晾干。将有机玻璃内槽放置于一水平位置，并放好样品梳子。将冷到 60℃左右的琼脂糖凝胶液，缓缓倒入有机玻璃内槽，直至有机玻璃板上形成一层均匀的胶面。待胶凝固后，取出梳子，放在电泳槽内，加电泳缓冲液至电泳槽中。

（3）加样：用移液枪将已加入加样缓冲液的 DNA 样品加入加样孔。

（4）电泳：接通电泳槽与电泳仪的电源，当溴酚蓝染料移动到距凝胶前沿 1～2 cm 处，停止电泳。

（5）检测：在紫外灯（254 nm）下观察染色后的电泳凝胶。DNA 存在处应显出橘红色荧光条带。

五、实验注意事项

1. 酚具有腐蚀性，能损伤皮肤和衣物，如不小心沾到皮肤上，应立即用大量清水冲洗，随后用碱性溶液或肥皂水洗。

2. DNA 电泳上样时要小心操作，避免损坏凝胶或将样品槽底部的凝胶刺穿。也不要快速按出吸头内的样品，避免挤出的空气将样品冲出样品孔。

六、作业

1. 质粒提取使用的溶液Ⅰ、溶液Ⅱ、溶液Ⅲ分别有什么作用？

2. DNA 琼脂糖凝胶电泳实验原理和操作步骤？

实验十二　实验动物安全规范及鲫鱼的解剖

一、实验目的

1. 学习硬骨鱼解剖方法。
2. 了解硬骨鱼类的主要特征及适应水生生活的形态结构特征。
3. 了解实验动物安全规范。

二、实验原理

鱼类是最低等的有颌、变温脊椎动物。具有比圆口类动物更为进步的机能结构,主要表现在:出现了能咬合的上下颌;出现了成对的附肢(偶鳍);骨骼为软骨或硬骨;脊柱代替了脊索成为身体的主要支持结构;头骨更加完整,脑和感觉器官更发达。鱼类因适应水生生活而发展出许多特有的结构,主要表现为:身体分为头、躯干和尾;体形多为流线型,体表被以骨质鳞片或盾鳞;体表富黏液;具侧线;以鳃为呼吸器官;血液循环为单循环;以鳔或脂肪调节身体比重获得水的浮力;靠躯干分节的肌节的波浪式收缩传递和尾部的摆动获得向前的推进力;有良好的调节体内渗透压的机制。

三、实验器材与试剂

1. 仪器、用具:显微镜、解剖盘、解剖针、培养皿、载玻片、刷子、胶布、棉球、直尺、手术剪、手术刀、中式剪、镊子。
2. 材料:活鲫鱼。

四、实验步骤

1. 观察鲫鱼的外部形态

鲫鱼身体可区分为头、躯干和尾 3 部分,整体呈纺锤形,背部灰黑色,腹部近白色。

头部:头部自吻端至鳃盖骨后缘。口位于头部前端(口端位),鲫鱼无触须。吻背面有鼻孔 1 对,眼 1 对,位于头部两侧,形大而圆,无眼睑,眼后头部两侧为宽扁的鳃盖。

躯干部和尾部:自鳃盖后缘至肛门为躯干部;自肛门至尾鳍基部最后一枚椎骨为尾部。躯干部和尾部体表被以覆瓦状排列的圆鳞,鳞外覆有一薄层表皮。躯体两侧从鳃盖后缘到尾部,各有 1 条由鳞片上的小孔排列成的点线结构,此即侧线,被侧线孔穿过的鳞片称侧线鳞。体背和腹侧有背鳍 1 个,较长,约为躯干的 3/4;臀鳍 1 个,较短;尾鳍末端凹入分成上下相称的 2 叶,为正尾型;胸鳍 1 对,位于鳃盖后方左右两侧;腹鳍 1 对,位于胸鳍之后,肛门之前,属腹鳍腹位;肛门紧靠臀鳍起点基部前方,紧接肛门后有 1 泄殖孔。

2. 鲫鱼的解剖

将活鲫鱼置于解剖盘上,腹部向上,用手术刀在肛门前与体轴垂直方向切一小口。使鱼侧卧,左侧向上,将手术剪尖端插入切口向背方剪开体壁到脊柱,再用中式剪沿脊柱下方向前剪至鳃盖后缘,然后沿鳃盖后缘剪至胸鳍之前。左手持镊自切口处揭起体壁肌肉,右手持镊子将该体壁肌肉与体腔腹膜分开,然后掀开左体壁,使心脏和内脏暴露。将中式剪剪刀尖插入口腔,从左侧口角开始,沿眼睛后缘将鳃盖剪去,使鱼鳃暴露出来。用棉花拭净器官周围的血迹及组织液。

3. 鲫鱼的内部观察

原位观察:在胸腹腔前方,最后 1 对鳃弓的腹方,有一小腔为围心腔,它借横膈与腹腔分开。心脏位于围心腔内,心脏背上方有头肾。在胸腹腔里,脊柱腹方是白色囊状的鳔,覆盖在前、后鳔室之间的三角形暗红色组织,为肾脏的一部分。鳔的腹方是长形的生殖腺,在成熟个体,雄性为乳白色的精巢,雌性为黄色的卵巢。胸腹腔腹侧盘曲的管道为肠管,在肠管之间的肠系膜上,有暗红色、散漫状分布的肝胰脏,体积较大。在肠管和肝胰脏之间有一细长红褐色器官为脾脏。

(1) 生殖系统:由生殖腺和生殖导管组成。生殖腺:生殖腺外包有极薄的膜。雄性有精巢 1 对,性未成熟时往往呈淡红色,性成熟时纯白色,呈扁长囊状;雌性有卵巢 1 对,性未成熟时为淡橙黄色,呈长带状,性成熟时呈微黄红色,呈长囊形,几乎充满整个腹腔,内有许多小型卵粒。生殖导管:生殖腺表面的膜向后延伸的短管,即输精管或输卵管。左右输精管或输卵管在后端汇合后通入泄殖窦,泄殖窦以泄殖孔开口于体外。观察毕,移去左侧生殖腺,以便观察消化器官。

(2) 消化系统:包括口腔、咽、食管、肠和肛门组成的消化管及肝胰脏和胆囊等消化腺体。此处主要观察食管、肠、肛门和胆囊。食管:肠管最前端接于食管,食管很短,其背面有鳔管通入,并以此为食管和肠的分界点。肠:用圆头镊子将盘曲的肠管展开。肠为体长的 2~3 倍,肠的前 2/3 段为小肠,后部为大肠,最后一部分为直肠,直肠以肛门开口于臀鳍基部前方。但肠的各部外形区别不明显。胆囊:为一暗绿色的椭圆形囊,位于肠管前部右侧,大部分埋在肝胰脏内,掀动肝脏,从胆囊的基部观察胆管如何通入肠前部。观察完毕,移去消化管及肝胰脏,以便观察其他器官。

(3) 鳔:位于腹腔消化管背方的银白色胶质囊,从头后端一直伸展到腹部后端,分前后 2 室,后室前端腹面发出一细长的鳔管,通入食管背壁。观察毕,移去鳔,以便观察排泄器官。

(4) 排泄系统:包括肾脏、输尿管和膀胱。肾脏:紧贴于腹腔背壁正中线两侧,1 对,为红褐色狭长形器官,在鳔的前、后室相接处,肾脏扩大使此处的宽度最大。肾的前端体积增大,向左右扩展,进入围心腔,位于心脏的背方,为头肾。输尿管:肾最宽处各通出 1 细管,即输尿管,沿腹腔背壁后行,在近末端处 2 管汇合通入膀胱。膀胱:输尿管后端汇合后稍扩大形成的囊即为膀胱,其末端开口于泄殖窦。用镊子分别从臀鳍前的 2 个孔插入,观察它们进入直肠或泄殖窦的情况,由此可在体外判断肛门和泄殖孔的开口。

(5) 循环系统:主要观察心脏,血管系统从略。心脏位于 2 胸鳍之间的围心腔内,由 1 心室、1 心房和静脉窦等组成。心室:淡红色,其前端有一白色壁厚的圆锥形小球体,为动脉球,自动脉球向前发出 1 条较粗大的血管,为腹大动脉。心房:位于心室的背侧,暗红色,薄囊状。静脉窦:位于心房背侧面,暗红色,壁很薄,不易观察。

(6) 消化系统:口腔与咽:将剪刀伸入口腔,剪开口角,除掉鳃盖,以暴露口腔和鳃。口腔:口腔由上、下颌包围而成,颌无齿,口腔背壁由厚的肌肉组成,表面有黏膜,腔底后半部有一不能活动的三角形舌。咽:口腔之后为咽部,其左右两侧有 5 对鳃裂,相邻鳃裂间生有鳃弓,共 5 对,第 5 对鳃弓特化成咽骨,其内侧着生咽齿。观察鳃的步骤完成后,将外侧的 4 对鳃除去,暴露第 5 对鳃弓,可见咽齿与咽背面的基枕骨腹面角质垫相对,能夹碎食物。鳃:鳃是鱼类的呼吸器官。鲤鱼的鳃由鳃弓、鳃耙、鳃片组成,鳃膈退化。鳃弓:位于鳃盖之内,咽的两侧,共 5 对。鳃弓内缘凹面生有鳃耙;第 1～4 对鳃弓外缘并排长有 2 列鳃片,第 5 对鳃弓没有鳃片。

鳃耙:为鳃弓内缘凹面上成行的三角形突起。第 1～4 对鳃弓各有 2 行鳃耙,左右互生,第 1 对鳃弓的外侧鳃耙较长,第 5 对鳃弓只有 1 行鳃耙。鳃片:薄片状,鲜活时呈红色。每个鳃片称半鳃,长在同一鳃弓上的 2 个半鳃合称全鳃。剪下 1 个全鳃,放在盛有少量水的培养皿内,置体视显微镜下观察。可见每 1 鳃片由许多鳃丝组成,每 1 鳃丝两侧又有许多突起状的鳃小片,鳃小片上分布着丰富的毛细血管,是气体交换的场所。横切鳃弓,可见 2 个鳃片之间退化的鳃膈。

(7) 神经系统:从两眼眶下剪,沿体长轴方向剪开头部背面骨骼,再在两纵切口的两端间横剪,小心地移去头部背面骨骼,用棉球吸取银色发亮的脑脊液,脑便显露出来。从脑背面观察:

端脑:由嗅脑和大脑组成。大脑呈小球状,分左右 2 个半球,位于脑的前端,其顶端各伸出 1 条棒状的嗅柄,嗅柄末端为椭圆形的嗅球,嗅柄和嗅球构成嗅脑。中脑:位于端脑之后,较大,受小脑瓣所挤而偏向两侧,各成半月形突起,又称视叶。用镊子轻轻托起端脑,向后掀起整个脑,可见在中脑位置的颅骨有 1 个陷窝,其内有一白色近圆形小颗粒,为内分泌腺脑垂体。用小镊子揭开陷窝上的薄膜,可取出脑垂体,用于其他研究。小脑:位于中脑后方,呈圆球形,表面光滑,前方伸出小脑瓣突入中脑。延脑:是脑的最后部分,由 1 个面叶和 1 对迷走叶组成,面叶居中,其前部被小脑遮蔽,只能观察到其后部,迷走叶左右成对,较大,在小脑的后两侧。延脑后部变窄,连接脊髓。

4. 学习动物实验操作规范

第一条,实验动物管理人员、实验操作人员、饲养人员必须善待动物,尽量减少动物的痛苦,不得戏弄、虐待或随意处死动物。

第二条,与实验动物饲养、动物实验无关的人员不得接触实验动物。

第三条,实验人员必须避免人和动物之间的交叉感染,人员患传染性疾病期间尽量避免和动物接触,对动物的操作尽可能在超净工作台上进行。

第四条,实验人员在达到实验目的的前提下,应合理使用实验动物,尽量优化动物实验设计,减少实验动物使用数量。

第五条,如实验人员对科学的动物实验操作不熟练,应向动物室管理人员咨询,并由其进行指导操作,不得随意进行使动物处于痛苦等非自然状态。

第六条,饲育人员和兽医应保证动物处于良好的生活环境和健康状态。

第七条,所有人员操作动物时要轻柔,并尽可能用镊子夹取动物,避免惊吓动物。

第八条,实验动物的垫料、饲料、饮水更换由动物饲养人员负责,保证动物的正常生长,如果实验对其有特别要求必须通知管理人员并在标识卡片上注明。

第九条,如被实验动物咬伤或抓伤应及时做消毒处理,必要时和专业防疫人员联系并进行相应处理。

第十条,处死动物时,必须采用脱颈椎或其他安乐死的方法。动物尸体和脏器应当用垃圾袋装好放入冰箱保存,不得随意丢弃。

第十一条,如动物发生不明原因的死亡,应通知实验人员和动物室管理人员,以便及时查明原因,并立即处理动物尸体。

第十二条,实验全部结束后,实验人员应及时通知动物室负责人,以便做清理消毒和进一步的安排,不得无故拖延实验动物的使用时间。

第十三条,由于不可预料或不可抗拒的事故发生导致动物死亡和实验失败,相关人员应互相谅解并协商解决。

第十四条,在实际操作过程中,各相关人员可以随时对本规范提出异议和意见。

五、实验注意事项

1. 剪开体壁时,剪刀尖不要插入太深,应向上翘,以免损伤内脏。

2. 实验结束后,认真清洗实验用具,包括镊子、剪刀、托盘内侧和外侧,清洗干净后,沥干多余的水,放回原处。

六、作业

1. 绘制鲫鱼内部结构原位观察图。

2. 描述鲫鱼消化系统、循环系统。

3. 总结鱼类适于水生生活的形态结构特征?

4. 鱼体呈纺锤形,略侧扁,背部灰黑色,腹部近白色。体色与其生活环境有何适应关系?

第三章

生物化学实验

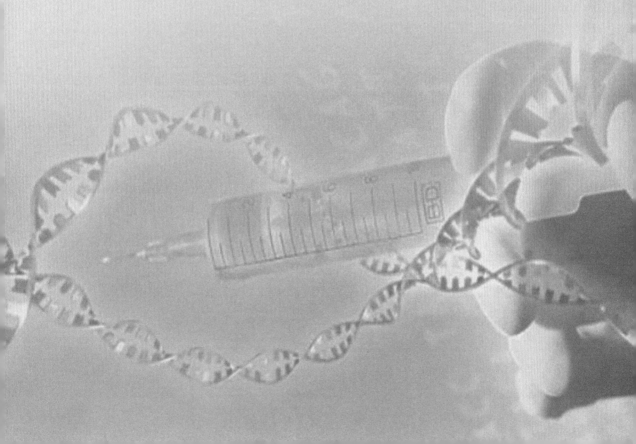

实验十三　总糖和还原糖的测定
（3,5-二硝基水杨酸法）

一、实验目的

1. 掌握还原糖和总糖的测定原理。
2. 学习用3,5-二硝基水杨酸法(DNS)测定还原糖的方法。

二、实验原理

还原糖是指含有自由醛基或酮基的糖类,具有还原性。还原糖的测定是糖定量测定的基本方法。在碱性条件下,3,5-二硝基水杨酸与还原糖共热后,被还原为棕红色的3-氨基-5-硝基水杨酸。在过量的NaOH碱性溶液中此化合物呈橘红色,在一定浓度范围内,还原糖的量与棕红色物质颜色的深浅呈线性关系。在540 nm波长处有最大吸收,利用分光光度计测定光密度值,利用比色法便可测定样品中还原糖和总糖的含量。由于多糖水解为单糖时,每断裂一个糖苷键需加入一分子水,所以在计算多糖含量时应乘以0.9。

三、实验器材与试剂

1. 仪器、用具:紫外可见分光光度计、电子分析天平、离心机、恒温水浴锅、沸水浴锅、电磁炉、试管、吸管、容量瓶、白瓷板、pH试纸(1~14)、量筒、研钵、三角烧瓶、玻璃漏斗。

2. 材料:藕粉、山芋粉或其他植物材料。

3. 试剂:

(1) 标准葡萄糖溶液(1.0 mg/mL):准确称取干燥恒重的无水葡萄糖100 mg,溶于蒸馏水并定容至100 mL,混匀,4℃冰箱中保存备用。

(2) 3,5-二硝基水杨酸试剂:将6.3 g DNS和262 mL 2 mol/L NaOH溶液加到500 mL石酸钾钠的热水溶液中,再加5 g结晶酚和5 g亚硫酸钠,搅拌溶解,冷却后加蒸馏水定容至1 000 mL,贮于棕色瓶中备用。

(3) 6 mol/L HCl:取250 mL浓HCl(35%~38%),用蒸馏水稀释到500 mL。

(4) 6 mol/L NaOH:称取24 g NaOH溶于蒸馏水并稀释至100 mL。

(5) 碘-碘化钾溶液:称取5 g碘,10 g碘化钾溶于100 mL蒸馏水中。

四、实验步骤

1. 葡萄糖标准曲线的制作

取干净试管 6 支,按表 3-1 进行操作。以吸光度为纵坐标,各标准液浓度(mg/mL)为横坐标作图的标准曲线。

表 3-1 3,5-二硝基水杨酸法测定葡萄糖标准曲线的制作

管号 试剂	0	1	2	3	4	5
标准葡萄糖溶液/mL	0	0.1	0.2	0.3	0.4	0.5
蒸馏水/mL	1.0	0.9	0.8	0.7	0.6	0.5
DNS 试剂/mL	2.0	2.0	2.0	2.0	2.0	2.0
	沸水浴中准确煮沸 5 min,取出,用自来水冷却至室温					
蒸馏水/mL	4.0	4.0	4.0	4.0	4.0	4.0
	混匀后,在 540 nm 处比色					
A(540 nm)						

2. 样品中还原糖的提取和测定

准确称取 0.5 g 藕粉,加蒸馏水约 3 mL,在研钵中磨成匀浆,转入三角烧瓶中,并用约 30 mL 的蒸馏水冲洗研钵 2~3 次,洗出液也转入三角烧瓶中。于 50℃水浴中保温 0.5 小时,不时搅拌,使还原糖浸出。将浸出液(含沉淀)转移到 100 mL 离心管中,于 4 000 r/min 离心 5 min,沉淀用 20 mL 蒸馏水洗一次,再离心,将两次离心的上清液合并,用蒸馏水定容至 100 mL 混匀,作为还原糖待测液。取 1 mL 进行还原糖的测定。

3. 样品中总糖的水解、提取和测定

准确称取 0.5 g 藕粉,加蒸馏水约 3 mL,在研钵中磨成匀浆,转入三角烧瓶中,并用约 12 mL 的蒸馏水冲洗研钵 2~3 次,洗出液也转入三角烧瓶中。再向三角烧瓶中加入 6 mol/L 盐酸 10 mL,搅拌均匀后在沸水浴中水解 0.5 小时,取出 1~2 滴置于白瓷板上,加 1 滴 I_2-KI 溶液检查水解是否完全。如已水解完全,则不显蓝色。水解完毕,冷却至室温后用 6 mol/L NaOH 溶液中和至 pH 呈中性。然后用蒸馏水定容至 100 mL,过滤,取滤液 10 mL,用蒸馏水定容至 100 mL,即成稀释 1 000 倍的总糖水解液。取 1 mL 总糖水解液,测定其还原糖的含量。

五、实验注意事项

1. 使用离心机时一定要注意相对两个离心管的平衡。
2. 样品中总糖的水解,要保证水解完全,沸水浴时试管封口,避免体积误差。
3. 可根据具体情况决定稀释液倍数,有时候可超过标示倍数。

六、作业

按照式 3-1,式 3-2 分别计算藕粉中还原糖和总糖的百分含量。

$$\omega(\text{还原糖}) = \frac{C_1 V_1}{m} \times 100\% \qquad (3-1)$$

$$\omega(\text{总糖}) = \frac{C_2 V_2}{m} \times 0.9 \times 100\% \qquad (3-2)$$

式中:$\omega(\text{还原糖})$——还原糖的质量分数(%);

$\omega(\text{总糖})$——总糖的质量分数(%);

C_1——还原糖的质量浓度(mg/mL);

C_2——水解后还原糖的质量浓度(mg/mL);

V_1——样品中还原糖提取液的体积(mL);

V_2——样品中总糖提取液的体积(mL);

m——样品的质量(mg)。

实验十四　蛋白质含量的测定
（考马斯亮蓝染色法）

一、实验目的

1. 掌握利用考马斯亮蓝 G-250 染色法测定蛋白质含量的原理及方法。
2. 掌握分光光度计的使用方法。

二、实验原理

蛋白质含量测定方法，是生物化学研究中最常用、最基本的分析方法之一。目前常用的有四种古老的经典方法，即凯氏定氮法、双缩脲法（Biuret 法）、Folin-酚试剂法（Lowry 法）和紫外吸收法。而考马斯亮蓝 G-250 染色法（Bradford 法）是近年来普遍使用的测定法，属于染料结合法的一种，考马斯亮蓝能与蛋白质的疏水区结合，这种结合具有高度敏感性。

考马斯亮蓝 G-250 在酸性溶液中，游离状态下为棕红色，最大吸收峰在 465 nm。当它与蛋白质通过范德华键结合后，变为蓝色，其最大吸收峰改变为 595 nm，一定范围内（10～1 000 μg/mL）其在 595 nm 处的吸光度值（OD595）与蛋白质含量成正比，故可用于蛋白质的定量测定。

三、实验器材与试剂

1. 仪器、用具：紫外可见分光光度计、旋涡混合仪、电子分析天平、试管、吸管、容量瓶、量筒。
2. 材料：牛血清白蛋白。
3. 试剂：

（1）0.9% NaCl 溶液。

（2）标准蛋白质溶液：浓度 0.1 mg/mL 的牛血清白蛋白，准确称取牛血清白蛋白 0.1 g，用 0.9% NaCl 溶液溶解并定容至 1 000 mL。

（3）染液：考马斯亮蓝 G-250。

（4）样品液：取牛血清白蛋白溶液（0.1 mg/mL）用 0.9% NaCl 稀释至一定浓度。

四、实验步骤

1. 制作标准曲线

取 7 支试管，按照表 3-2 进行编号并加入试剂。摇匀后，室温下放置 3 min，以第 1

管为空白,在 595 nm 波长下比色,测定各管的吸光度,以吸光度作为纵坐标,以标准液浓度(μg/mL)作为横坐标标准曲线图。

表 3 - 2 　考马斯亮蓝法测定蛋白质浓度标准曲线加样表

编号	1(空白)	2	3	4	5	6	样品
标准蛋白(mL)	0.0	0.1	0.15	0.2	0.3	0.4	0.5
去离子水(mL)	0.5	0.4	0.35	0.3	0.2	0.1	
浓度(mg/mL)	0.0	0.05	0.075	0.1	0.15	0.2	X
染色液(mL)	5	5	5	5	5	5	5
OD 值							

2. 样液的测定

另取一支干净试管,加入样品液 1.0 mL 及考马斯亮蓝染液 4.0 mL,混匀,室温静置 3 min,于波长 595 nm 处比色,读取吸光度,由样品液的吸光度查标准曲线即可求出含量。

五、实验注意事项

1. 样品蛋白质含量应在 10～100 μg 为宜。一些阳离子如 K^+、Na^+、Mg^{2+}、乙醇等物质对测定无影响,而大量的去污剂如 SDS 等会严重干扰测定。

2. 应尽快完成比色测定(最好 30 min 内),时间放置过长,考马亮蓝 - G250 -蛋白质复合物易凝集沉淀。

3. 玻璃仪器要洗涤干净并进行干燥。

六、作业

1. 标准曲线绘制。

2. 样液蛋白质含量结果计算。

实验十五　脂肪碘值的测定

一、实验目的

1. 掌握脂肪碘值的测定原理和操作方法。
2. 了解脂肪碘值测定的意义。

二、实验原理

适当条件下,不饱和脂肪酸链上的不饱和键能与卤素(碘、溴、氯)进行加成反应。脂肪分子中不饱和键数目越多,加成的卤素量就越多,通常以碘值表示。每 100 g 脂肪所吸收碘的克数称为碘值。碘值的高低表示脂肪不饱和度的大小,碘值越高,表明不饱和脂肪酸的含量越高。

由于碘与脂肪的加成作用很慢,本实验采用溴化碘(Hanus 试剂)进行碘值测定。将一定量(过量)的 Hanus 试剂与脂肪作用后,剩余的部分与碘化钾作用放出碘,使用硫代硫酸钠滴定放出的碘,即可求得脂肪的碘值,本法的反应如下:

$$I_2 + Br_2 \longrightarrow 2IBr(\text{Hanus 试剂})$$
$$IBr + -CH = CH- \longrightarrow -CHI-CHBr-$$
$$KI + IBr \longrightarrow KBr + I_2$$
$$I_2 + 2Na_2S_2O_3 \longrightarrow 2NaI + Na_2S_4O_6(\text{滴定})$$

三、实验器材与试剂

1. 仪器、用具:电子分析天平、碘瓶、量筒、称量瓶、锥形瓶、吸管、滴定管、铁支架。
2. 材料:花生油。
3. 试剂:

(1) Hanus 试剂:取 12.20 g 碘,缓缓加入 1 000 mL 冰醋酸(99.5%)中,边加边摇,并置于水浴中加热,使碘溶解。冷却后,加适当的溴(约 3 mL),贮于棕色瓶中。

(2) 15%碘化钾溶液:称取 150 g 碘化钾溶于蒸馏水中,稀释至 1 000 mL。

(3) 0.05 mol/L 标准硫代硫酸钠溶液:称取 25 g 结晶硫代硫酸钠,溶于经煮沸后冷却的蒸馏水中,稀释至 1 000 mL,添加 50 mg Na_2CO_3(硫代硫酸钠溶液在 pH 9~10 时最稳定),数日后标定。

标定方法:准确量取 35.00~40.00 mL 配制好的重铬酸钾溶液,置于碘量瓶中,加入

2.0 g 碘化钾及 6 mol/L HCl 10 mL 混匀,塞好塞子,于暗处放置 10 min,然后加水 200 mL 稀释,用硫代硫酸钠溶液滴定,近终点时(溶液由棕变黄后)加淀粉指示液(10 g/L)2 mL,继续滴定至由蓝色变为亮绿色为止,同时做空白试验计算 $Na_2S_2O_3$ 溶液的准确浓度。滴定的反应是:

$$K_2Cr_2O_7 + 6I^- + 14H^+ \longrightarrow 2K^+ + 2Cr^{3+} + 3I_2 + 7H_2O$$
$$I_2 + 2S_2O_3^{2-} \longrightarrow 2I^- + S_4O_6^{2-}$$

(4) 1% 淀粉液。

四、实验步骤

准确称取一定量的花生油,置于碘瓶中,加 10 mL 氯仿作溶剂,待脂肪溶解后,加入 Hanus 试剂 20 mL,(注意勿使碘液沾在瓶颈部),塞好碘瓶,轻轻摇动,摇动时亦应避免溶液溅至瓶颈部及塞上,混匀后置暗处(或用黑布包裹碘瓶)30 min,于另一碘瓶中置同量试剂但不加脂肪,作空白试验。30 min 后,先注入少量 15% 碘化钾溶液于碘瓶口边上,将玻塞稍稍打开,使碘化钾溶液流入瓶内,并继续由瓶口边缘加入碘化钾溶液,共加 20 mL,再加水 100 mL,混匀,随即用标准硫代硫酸钠溶液滴定。初加硫代硫酸钠溶液时可较快,等瓶内液体呈淡黄色时加 1% 淀粉液数滴,继续滴定至近终点时(蓝色已淡),可加塞振荡,使其与溶于氯仿中的碘完全作用,继续滴定至蓝色恰恰消失为止,记录所用硫代硫酸钠溶液量,用同法滴定空白管。

五、实验注意事项

1. 油脂加入 Hanus 试剂后,要将碘瓶的塞子塞好,防止碘挥发,同时在塞子的周围滴上几滴 KI,以便将塞子密封,碘瓶一定要放在暗处。

2. 在向碘瓶中加 KI 和水时,一定要先加在塞子的周围,然后打开塞子,使其进入碘瓶中。

3. 在进行 $Na_2S_2O_3$ 滴定时,开始不要加淀粉指示剂,当滴定到颜色变为浅黄色时再加淀粉,当滴定快到终点时,要用力摇碘瓶中的溶液,以便溶解在氯仿中的碘重新溶解在溶液中,否则滴定结果不够准确。

六、作业

按式 3-3 计算碘值:

$$碘值 = \frac{c(B-S)}{m} \times \frac{126.9}{1\,000} \times 100\% \qquad (3-3)$$

式中:B——滴定空白所耗 $Na_2S_2O_3$ 溶液体积(mL);

S——滴定样品所耗 $Na_2S_2O_3$ 溶液体积(mL);

m——脂肪质量(g);

c——$Na_2S_2O_3$ 溶液物质的量浓度(mol/L)。

实验十六　熊果酸的制备及测定

一、实验目的

1. 掌握山楂中熊果酸的提取方法。
2. 了解并掌握用香草醛法测定熊果酸含量的方法。

二、实验原理

熊果酸为有机酸,又名乌苏酸、乌索酸、α-香树脂醇,广泛存在于多种植物中,是一种弱酸性五环三萜类化合物。熊果酸纯品为白色针状结晶(乙醇中结晶),味苦,具有多种生物活性,有镇静、消炎、抗菌、降低血糖、抗肝炎等多种生物学效应,熊果酸还具有明显的抗氧化功能,所以是一种很有开发价值的植物活性成分,被广泛地用作医药和化妆品原料,并将其作为天然抗氧化剂应用于食品中。熊果酸易溶于乙醇等有机溶剂,难溶于水,所以可以采用醇提水沉的方法进行提取。山楂中含有大量熊果酸,可作为提取熊果酸的原料。

熊果酸属于五环三萜类化合物。在酸性条件下能和香草醛发生反应,生成红紫色化合物,在一定浓度下颜色的深浅和熊果酸含量成正比,可用比色法测定。

三、实验器材与试剂

1. 仪器、用具:高速组织匀浆机、离心机、旋转蒸发器、紫外可见分光光度计、恒温水浴锅、干燥箱、烧杯、绸布、试管、吸管、干燥箱。

2. 材料:新鲜山楂。

3. 试剂:95％乙醇、5％香草醛、熊果酸标准品溶液 1.0 mg/mL、高氯酸、冰乙酸、甲醇、熊果酸样品液。

四、实验步骤

1. 熊果酸提取

称取 20.0 g 山楂,加入 40 mL 95％乙醇,高速匀浆机匀浆 4 小时,间歇搅拌,用绸布过滤收集滤液,旋转蒸发器蒸发除去乙醇,4℃冰箱放置 4~6 小时,4 000 r/min 离心 15 min 收集沉淀,沉淀用 20 mL 蒸馏水洗两次,收集沉淀并置于培养皿中,放置烘箱烘干,称重、测定,计算得率。

2. 熊果酸含量测定

（1）制作标准曲线

取干净试管 7 支，按表 3-3 进行操作。以吸光度为纵坐标，各标准液浓度为横坐标作图标准曲线。

表 3-3 熊果酸含量测定标准曲线加样表

试剂＼管号	0	1	2	3	4	5	6
1.0 mg/mL 熊果酸标准液（mL）	0.00	0.02	0.04	0.08	0.12	0.16	0.20
甲醇（mL）	0.20	0.18	0.16	0.12	0.08	0.04	0.00
5％香草醛（mL）	0.5	0.5	0.5	0.5	0.5	0.5	0.5
高氯酸（mL）	0.8	0.8	0.8	0.8	0.8	0.8	0.8
水浴 60℃ 加热 10 min							
加冰乙酸（mL）后混匀测定	3.5	3.5	3.5	3.5	3.5	3.5	3.5
标准熊果酸（mg/mL）	0	0.1	0.2	0.4	0.6	0.8	1.0
A(546 nm)							

（2）样品含量测定

吸取样液 0.10 mL 置于试管中，补加甲醇 0.1 mL，再加入 0.5 mL 5％香草醛溶液，其余步骤同标准曲线。从测得的吸光度值由标准曲线查算出样品液的熊果酸含量，并进一步计算熊果样品的百分含量。

五、实验注意事项

1. 水分对测定有干扰，所使用的容器必须充分干燥。

2. 山楂中其他三萜酸如山楂酸、齐墩果酸也有相同反应，对熊果酸定会造成影响，使结果偏高。

六、作业

按照式（3-4）计算熊果酸含量：

$$w = \frac{cV}{m} \times 100\% \tag{3-4}$$

式中：w——熊果酸的质量分数（%）；

c——从标准曲线上查出的熊果酸质量浓度（mg/mL）；

V——样品稀释后的体积（mL）；

m——样品的质量（mg）。

实验十七 原花色素的提取及测定

一、实验目的

1. 了解并掌握从山楂中制备原花色素的方法。

2. 掌握盐酸—正丁醇比色法测定原花色素的原理和方法。

二、实验原理

原花色素(proanthocyanidins),也称原花青素,是一类黄烷醇单体及其聚合体的多酚化合物。

原花色素属于生物类黄酮(flavonoids),广泛存在于各种植物中,如葡萄、苹果、山楂、花生、银杏等。原花色素由不同数量的儿茶素或表儿茶素聚合而成,最简单的原花色素是儿茶素的二聚体,此外还有三聚体、四聚体等。依据聚合度的大小,通常将二至四聚体称为低聚体,而五聚体以上的称为高聚体。在原花色素各种不同聚合体中,二聚体的抗氧化能力最强,具有高效抗氧化特性和清除自由基的能力,可以提高机体免疫力,能防治多种疾病,并且还具有保护心血管、预防高血压、抗肿瘤、抗辐射、抗突变及美容等作用,是最重要的一类原花色素。

低聚度原花色素易溶于水,可以用热水煮沸抽提原花色素,再用大孔吸附树脂吸附、洗脱得到原花色素。在一定浓度范围内,原花色素的量与光吸收值呈线性关系,可以采用分光光度法测定样品中原花色素的含量。通过在特定的波长或某一范围的波长下,测定待测物品的吸光度,进而对原花青色素进行定量分析。但盐酸-正丁醇法受原花色素的结构影响较大,对于低聚度原花色素及儿茶素等单体反应不灵敏。

三、实验器材与试剂

1. 仪器、用具:高速组织粉碎机、玻璃层析柱 1.2 cm×20 cm、旋转蒸发器、冷冻干燥机、紫外可见分光光度计、电子分析天平、吸管、试管、烧杯、双层纱布。

2. 材料:市售山楂片。

3. 试剂

(1) 95%乙醇。

(2) 60%乙醇。

(3) 原花色素标准品:精确称取 10.0 mg 原花色素标准品用甲醇溶解,于 10.0 mL 容量瓶定容至刻度。

（4）HCl-正丁醇：取 5.0 mL 浓 HCl 加入 95.0 mL 正丁醇中混匀即可。

（5）2％硫酸铁铵：称取 2.0 g 硫酸铁铵溶于 100.0 mL 2.0 mol/L HCl 中即可。

（6）2.0 mol/L HCl：取 1 份浓 HCl 放入 5 份蒸馏水中即可。

（7）试样溶液：准确称取一定量蒸馏的原花色素样品，用甲醇溶解定容至 10.0 mL，浓度控制在 1.0～3.0 mg/mL。

四、实验步骤

1. 原花色素的提取

（1）称取山楂片 10.0 g，剪成块状，置于锥形瓶中，加入 40 mL 蒸馏水，沸水浴 40～60 min，间歇混匀。冷却后加入 20 mL 蒸馏水，用双层纱布过滤，滤液备用。

（2）取 5.0 g 新的大孔吸附树脂 D-101，先用 95％乙醇浸泡 2～4 小时，水洗去除乙醇后，装层析柱，用两倍体积蒸馏水洗净，竖直装好，关闭出口。用烧杯取一定量已处理好的大孔吸附树脂 D-101，搅匀，沿管内壁缓慢加入，待柱底沉积约 1 cm 高时，缓慢打开出口，继续装柱至高度 12 cm（液面高于树脂 3～4 cm）。滤液上样，上完样后，先用蒸馏水洗两倍柱床体积，然后换 60％乙醇进行洗脱，流速控制在 1 mL/min。待有红色液体流出后开始收集，直到无红色。

（3）将洗脱液放入旋转蒸发仪中蒸发，剩余无乙醇部分冷冻。将冻结好的样品放入冷冻干燥机上干燥，干燥后样品称重，测含量。

2. 原花色素的测定

（1）制作标准曲线

取干净试管 7 支，按表 3-4 进行操作。以吸光度为纵坐标，各标准液浓度为横坐标作标准曲线图。

表 3-4　HCl-正丁醇法测定原花色素含量标准曲线绘制

试剂 \ 管号	0	1	2	3	4	5	6
1.0 mg/mL 标准液/mL	0	0.05	0.10	0.15	0.20	0.25	0.30
甲醇/mL	0	0.45	0.40	0.35	0.30	0.25	0.20
2％硫酸铁铵/mL	0.1	0.1	0.1	0.1	0.1	0.1	0.1
HCl-正丁醇/mL	3.4	3.4	3.4	3.4	3.4	3.4	3.4
沸水浴 30 min 取出、冷水冷却 15 min 后测定							
原花色素浓度 mg/mL	0	0.1	0.2	0.3	0.4	0.5	0.6
A(546 nm)							

（2）样品含量测定

吸取样液 0.10 mL 置于试管中，补加 0.4 mL 甲醇，再加入 0.1 mL 2％硫酸铁铵溶液，最后加入 3.4 mL HCl-正丁醇溶液，沸水浴中煮沸 30 min，其他条件与作标准曲线相同，从测得的吸光度值由标准曲线查算出样品液的原花色素含量,并进一步计算原花色素样品的百分含量。

五、实验注意事项

1. 实验前应检查层析柱是否完好,有无堵塞或漏气现象。

2. 装柱要求连续、均匀、没有气泡和断纹,液面不得低于树脂表面,否则需重新装柱。

3. 洗脱时流速不宜过快。

4. 盐酸-正丁醇法受原花色素的结构影响较大,对于低聚度原花色素及儿茶素等单体反应不灵敏。

六、作业

按照式 3-5 计算原花色素的含量:

$$w = \frac{cV}{m} \times 100\% \tag{3-5}$$

式中:w——原花色素的质量分数(%);

c——从标准曲线上查出的原花色素质量浓度(mg/mL);

V——样品稀释后的体积(mL);

m——样品的质量(mg)。

实验十八　脂肪酸 beta 氧化

一、实验目的

1. 理解脂肪酸的 β-氧化作用。
2. 了解测定脂肪酸 β-氧化作用的方法及其原理。

二、实验原理

在供氧充足的条件下,脂肪酸可氧化分解生成二氧化碳和水,并释放出大量能量供机体利用。脂肪酸氧化的方式有 β-氧化、丙酸氧化、α-氧化、ω-氧化、不饱和脂肪酸氧化。在肝脏和肌肉进行的脂肪酸氧化最为活跃,其最主要的氧化形式是 β-氧化。脂肪酸经β-氧化生成乙酰辅酶 A,两分子的乙酰辅酶 A 可缩合生成乙酰乙酸,乙酰乙酸可脱羧生成丙酮。

本实验用新鲜肝糜与丁酸保温,生成的丙酮可用碘仿反应测定。在碱性条件下,用定量且过量的碘与丙酮生成碘仿。以标准硫代硫酸钠($Na_2S_2O_3$)溶液在酸性环境中滴定剩余的碘,从而可计算出丙酮的生成量。反应式如下:

$$2NaOH + I_2 \longrightarrow NaIO + NaI + H_2O$$
$$CH_3COCH_3 + 3NaIO \longrightarrow CHI_3(碘仿) + CH_3COONa + 2NaOH$$

剩余的碘,可用标准 $Na_2S_2O_3$ 溶液滴定。

$$NaIO + NaI + 2HCl \longrightarrow I_2 + 2NaCl + H_2O$$
$$I_2 + 2Na_2S_2O_3 \longrightarrow Na_2S_4O_6 + 2NaI$$

因此每消耗 1 mol 的 $Na_2S_2O_3$ 相当于生成 1/6 mol 的丙酮;根据滴定样品与滴定对照所消耗的 $Na_2S_2O_3$ 溶液体积之差,可计算出由丁酸氧化生成丙酮的量。

三、实验器材与试剂

1. 仪器、用具:匀浆器、恒温水浴锅、剪刀、不锈钢镊子、吸管、锥形瓶。
2. 材料:新鲜动物肝脏。
3. 试剂:
(1) 0.9% 氯化钠。
(2) 1/15 mol/L pH 7.6 磷酸缓冲液:称取 1.179 g 磷酸二氢钾(KH_2PO_4),10.323 g

磷酸氢二钠（$Na_2HPO_4 \cdot 2H_2O$），用蒸馏水溶解并定容至 1 000 mL。

（3）0.5 mol/L 正丁酸：5 mL 正丁酸溶于 100 mL 0.5 mol/L NaOH 溶液中。

（4）15%三氯乙酸：15 g 三氯乙酸溶于蒸馏水，稀释并定容至 100 mL。

（5）0.1 mol/L 碘溶液：称取 12.7 g 碘和 25 g KI，溶于蒸馏水中，稀释至 1 000 mL。用标准 0.05 mol/L $Na_2S_2O_3$ 溶液标定。

（6）10%NaOH 溶液：10 g NaOH 溶于蒸馏水，稀释至 100 mL。

（7）10%盐酸溶液：取浓盐酸 10 mL，加蒸馏水至 37 mL。

（8）0.5 mol/L H_2SO_4：将 10 mL 浓硫酸加入蒸馏水中，稀释至 360 mL。

（9）标准 0.05 mol/L $Na_2S_2O_3$ 溶液：准确称取 25 g $Na_2S_2O_3$ 溶于煮沸并冷却的蒸馏水中，加入硼砂 3.8 g，用煮沸过的蒸馏水稀释并定容至 1 000 mL。按下法进行标定：准确称取 KIO_3 0.357 g，加蒸馏水定容至 100 mL，即得 0.0167 mol/L KIO_3 溶液。准确吸取此溶液 20.0 mL，置于 100 mL 锥形瓶中，加入 KI 2 g 及 0.5 mol/L H_2SO_4 10 mL，摇匀。以 0.5%淀粉液为指示剂，用 0.05 mol/L $Na_2S_2O_3$ 溶液滴定。根据滴定所消耗 $Na_2S_2O_3$ 溶液量，计算其浓度。

（10）标准 0.01 mol/L $Na_2S_2O_3$ 溶液：临用时将已标定的 0.05 mol/L $Na_2S_2O_3$ 溶液稀释成 0.01 mol/L。

（11）0.5%淀粉：0.5 g 可溶性淀粉，加少量蒸馏水，边搅拌边加热至呈糊状，用热蒸馏水稀释至 100 mL。

四、实验步骤

1. 肝匀浆的制备

将家兔颈部放血处死，取出肝脏；用 0.9%NaCl 溶液洗去污血；用滤纸吸去表面的水分。称取肝组织 5 g 置研钵中，加入少许 0.9%NaCl 溶液，研磨成细浆。再加入 0.9%NaCl 溶液，使肝匀浆总体积达 10 mL，得肝组织糜。

2. 酮体生成与测定酮体生成和沉淀蛋白质

取 50 mL 锥形瓶 2 只，编号，并按表 3-5 操作加入试剂，混匀，置于 43℃恒温水浴内保温 1.5 小时，保温毕，各加入 3 mL 15%三氯乙酸溶液，在对照瓶中追加 2 mL 正丁酸，混匀，静置 15 min，过滤，滤液分别收集于 2 支试管中。

表 3-5 肝糜的制备

管号 \ 试剂	磷酸缓冲液 pH 7.6(mL)	0.5 mol/L 正丁醇	H_2O(mL)	肝糜(mL)
1	3.0	2.0	—	2.0
2	3.0	—	2.0	2.0

另取 50 mL 锥形瓶 3 只，编号，并按下表 3-6 操作加入试剂。

表 3-6 脂肪酸的 β-氧化

管号 试剂	滤液 1(mL)	滤液 2(mL)	H_2O(mL)	0.1 mol/L 碘溶液(mL)	10%NaOH 溶液(mL)
Ⅰ(试验)	2.0	—	—	3.0	3.0
Ⅱ(对照)	—	2.0	—	3.0	3.0
Ⅲ(空白)	—	—	2.0	3.0	3.0

加完试剂后摇匀,静置 10 min。于各碘量瓶中滴加 10%HCl 溶液 3 mL,使各瓶溶液中和至中性或微酸性。用 0.01 mol/L 的标准 $Na_2S_2O_3$ 溶液滴定剩余的碘,滴至碘量瓶中溶液呈浅黄色时,往瓶中滴加 0.1% 淀粉溶液 2~3 滴作指示剂,摇匀并继续滴定至碘量瓶中溶液的蓝色消失为止。记录滴定时所用 $Na_2S_2O_3$ 溶液的体积,并计算样品中的丙酮含量。

五、实验注意事项

1. 所用材料必须新鲜,在低温下制备新鲜的肝糜,以保证细胞内酶的活性。

2. 加 HCl 溶液后即有 I_2 析出,I_2 会升华,所以要尽快进行滴定,滴定的速度是前快后慢,当溶液变浅黄色后,加入指示剂就要一滴一滴地滴。

3. 滴定时淀粉指示剂不能太早加入,当被滴定液变浅黄色时加入最好,否则将影响终点的观察和滴定结果。

六、作业

按照式 3-6 计算丙酮含量:

$$肝糜催化生成的丙酮含量(mmol/g) = (B - A) \times c \times \frac{1}{6} \qquad (3-6)$$

式中:A——滴定试验管所消耗的 0.02 mol/L $Na_2S_2O_3$ 溶液的体积(mL);

B——滴定对照管所消耗的 0.02 mol/L $Na_2S_2O_3$ 溶液的体积(mL);

C——标准 $Na_2S_2O_3$ 的浓度(mol/L)。

实验十九　牛乳中酪蛋白和乳糖的制备与鉴定

一、实验目的

1. 学习从牛乳中分离酪蛋白和乳糖的原理和方法。
2. 掌握等电点沉淀法提取蛋白质的方法。
3. 学习常用蛋白质和乳糖的鉴定方法。

二、实验原理

牛乳中主要含有酪蛋白和乳清蛋白两种蛋白质,其中酪蛋白占了牛乳蛋白质的80％,含量约为35 g/L。酪蛋白是一些含磷蛋白质的混合物,等电点为4.7,呈白色或淡黄色,无味的物质,不溶于水、乙醇等有机溶剂,但溶于碱溶液。乳清蛋白不同于酪蛋白,其粒子的水合能力强,分散性高,在乳中呈高分子状态。利用等电点时溶解度最低的原理,将牛乳的 pH 调至4.7 时,酪蛋白就会沉淀出来。用乙醇洗涤沉淀物,除去脂类杂质后便可得到纯的酪蛋白。

牛奶中的糖主要是乳糖。乳糖是一种二糖,它由 D-半乳糖分子 C1 上的半缩醛羟基和 D-葡萄糖分子 C4 上的醇羟基脱水通过 β-1,4 糖苷键连接而成。乳糖也不溶于乙醇,当乙醇混入乳糖水溶液中,乳糖会结晶出来,从而达到分离的目的。

三、实验器材与试剂

1. 仪器、用具:恒温水浴锅、温度计、离心机、抽滤装置、蒸发皿、精密 pH 试纸(pH 3.8～5.4)或 pH 计。

2. 材料:新鲜牛奶。

3. 试剂:

(1) 0.2 mol/L pH 4.7 乙酸-乙酸钠缓冲溶液 100 mL:称取 NaAc·3H$_2$O 1.606 g,冰乙酸 0.492 g,用蒸馏水定容至 100 mL。

(2) 乙醇乙醚混合液(95％乙醇、无水乙醚体积比 1∶1)。

(3) 巴比妥钠缓冲液(pH 8.6,离子强度 0.06 mol/L)。

(4) 染色液:0.25 g 考马斯亮蓝 R250,加入 91 mL 50％甲醇,9 mL 冰乙酸。

(5) 漂洗液:50 mL 甲醇,75 mL 冰乙酸加入 875 mL 蒸馏水混合而成。

(6) 盐酸苯肼溶液:临用前将 A 液 B 液等体积混合。A 液(10％苯肼盐酸盐):称取 10 g 盐酸苯肼,加水稀释溶解并定容至 100 mL,过滤,贮存于棕色瓶中,临用前配制。B

液(15％乙酸钠):称取 15 g 无水乙酸钠,加水稀释溶解并定容至 100 mL。

四、实验步骤

1. 酪蛋白的提取

将 20 mL 牛奶于 100 mL 烧杯中加热至 40℃。在搅拌下慢慢加入预热至 40℃、pH 4.7 的醋酸缓冲液 20 mL。用冰乙酸调节溶液 pH 至 4.7,此时即有大量酪蛋白沉淀析出。将上述悬浮液冷却至室温,3 000 r/min 离心 5 min 得酪蛋白粗制品。上清液中加入 $CaCO_3$ 粉末中和冰乙酸留作乳糖测定用。用蒸馏水洗涤沉淀 3 次,每次约 20 mL,3 000 r/min 离心 5 min 得酪蛋白,弃去上清液。在沉淀中加入约 20 mL 95％乙醇,搅拌片刻,将全部悬浊液转移至布氏漏斗中抽滤。用乙醇乙醚混合液洗沉淀 2 次。最后用乙醚洗沉淀 2 次,抽干。将沉淀摊开在表面皿上,风干,得到酪蛋白纯品。准确称重,计算酪蛋白含量和得率。

2. 乳糖的分离以及糖脎的形成

将上述实验所得的上清液加热,煮沸。趁热过滤,除去沉淀的蛋白质和残余的 $CaCO_3$,将滤液置于蒸发皿中,用小火浓缩至 5 mL 左右,取 0.5 mL 置于一小试管中,加入新鲜配制的盐酸苯肼溶液 1 mL,混匀,置沸水浴中加热 30 min,冷却。取少许结晶在显微镜下观察糖脎结晶,剩余浓缩液经冷却后加入 20 mL 95％乙醇,加塞,4℃放置 1～2 天,收集乳糖晶体,并用冷的乙醇洗涤晶体,干燥、称重,计算百分含量。

五、实验注意事项

1. 由于本法是应用等电点沉淀法来制备蛋白质,故调节牛奶液的等电点一定要准确。最好用酸度计测定。

2. 精制过程使用的乙醚是挥发性、有毒的有机溶剂,最好在通风橱内操作。

3. 目前市面上出售的牛奶是经加工的奶制品,不是纯净牛奶,所以计算时应按产品的相应指标计算。

六、作业

计算牛奶中酪蛋白的含量及实验得率。

含量:酪蛋白 g/100 mL 牛乳

$$获得率＝制备含量/理论含量 \qquad (3-7)$$

式 3-7 中理论含量为 3.5 g/100 mL 牛乳。

实验二十 猪胰糜蛋白酶的粗提、纯化、结晶和检测

一、实验目的

1. 学习胰糜蛋白酶的纯化及其结晶的基本方法。
2. 掌握聚丙烯酰胺凝胶电泳测定蛋白质纯度。

二、实验原理

胰糜蛋白酶是以无活性的酶原形式存在于动物胰脏中。在 Ca^{2+} 的存在下,酶原被肠激酶或有活性的胰蛋白酶激活,从肽链 N 端切除一段多肽,分子构象发生一定改变后转变为有活性的胰糜蛋白酶。从动物胰脏中提取分离胰糜蛋白酶,首先将胰腺细胞绞碎,用稀酸溶液(H_2SO_4)将其中含有的酶原提取出来,然后再根据等电点沉淀的原理,调节 pH 以沉淀除去大量的酸性杂蛋白和非蛋白杂质,再以硫酸铵分级盐析将胰糜蛋白酶原等(包括大量胰蛋白酶原和弹性蛋白酶原)沉淀析出。经溶解后,以极少量活性胰蛋白酶激活,使酶原转变为有活性的胰糜蛋白酶,被激活的酶溶液再以盐析分级的方法除去胰蛋白酶及弹性蛋白酶等组分,收集含胰糜蛋白酶的组分,并用结晶法进一步分离纯化。一般经过 2~3 次结晶后,可获得相当纯的胰糜蛋白酶,其比活力可达到 8 000~10 000 苯甲酰-L-精氨酸乙酯盐酸盐(BAEE)单位/毫克蛋白,或更高。如需制备更纯的制剂,可用上述酶溶液通过亲和层析方法纯化。

三、实验器材与试剂

1. 仪器、用具:绞肉机、离心机、冰箱、恒温箱、真空干燥机、研钵、布氏漏斗、抽滤瓶、纱布、pH 试纸、镊子、烧杯、量筒、垂直平板电泳。
2. 材料:新鲜猪胰。
3. 试剂:
(1) 0.1 mol/L H_2SO_4。
(2) $(NH_4)_2SO_4$。
(3) 2.5 mol/L H_2SO_4。
(4) 2 mol/L NaOH。
(5) 0.01 mol/L pH 5.5 醋酸缓冲液。
(6) pH 6.0 饱和度为 0.30 的硫酸铵溶液:固体$(NH_4)_2SO_4$,用 0.16 mol/L pH 6.5 的

磷酸缓冲液配制使$(NH_4)_2SO_4$溶液饱和度为 0.30,配好后,pH 即为 6.0 左右(如 pH 低于或高于 6.0 可用酸或碱调至 pH 为 6.0)。

(7) 0.001 mol/L HCl。

(8) $BaCl_2$。

四、实验步骤

1. 胰糜蛋白酶原的提取与分离

(1) 抽提

称取 500 g 新鲜猪胰脏,在冰浴下剥除脂肪和结缔组织,在低温下用绞肉机绞碎胰脏,立即加入 2 倍体积预冷的 0.1 mol/L H_2SO_4。在 4~10℃搅拌提取 18~24 小时,而后用 2 层纱布过滤,尽量拧挤出滤液,滤液呈乳白色,残渣再用 0.5~1 倍体积预冷的 0.1 mol/L H_2SO_4洗涤一次,合并滤液。

(2) 盐析

将上述滤液加固体粉状硫酸铵至 0.2 饱和度,放置冰箱过夜,次日在低温下用折叠滤纸过滤或用低温离心机(4 000 r/min)离心 10 min。滤液再加固体硫酸铵至 0.5 饱和度,在冰箱中放置过夜。上清液用虹吸法移去,沉淀物用布氏漏斗抽滤至干,将滤饼溶于 5 倍体积的蒸馏水中,加固体硫酸铵至 0.2 饱和度,冰箱放置 2~3 小时,在低温下用折叠滤纸过滤或低温离心机(4 000 r/min)离心 10 min,所得滤液,加固体硫酸铵至 0.5 饱和度,冰箱放置 1~2 小时,抽滤得滤饼。

(3) 透析

滤饼溶于 3 倍体积冷蒸馏水中,在低温下,置于 0.01 mol/L pH 5.5 的醋酸缓冲液中透析,每隔 3~4 小时更换一次透析液,经 3~4 次更换后,即有白色沉淀析出,2 天后沉淀完全,离心除去蛋白。上清液用 2.5 mol/L H_2SO_4,调 pH 至 3.0,再加固体硫酸铵至 0.5 饱和度;冰箱中放置 1~2 小时,抽滤得滤饼。

(4) 结晶

将上述滤饼以 4 倍体积的蒸馏水溶解,然后调 pH 至 6.0,装于透析袋中,在 30℃的恒温箱中对 pH 6.0、0.3 饱和度的硫酸铵溶液透析结晶,4~5 天后结晶完全,置于显微镜下观察,大部分为菱形正八面体,也有少量纺锤形晶体,析出晶体以布氏漏斗抽滤,并用少量 0.3 饱和度硫酸铵溶液洗涤晶体。

(5) 冷冻干燥

将结晶体滤饼用 3 倍体积的 pH 3.0 冷蒸馏水溶解装入透析袋,在低温下,对 pH 3.0 的蒸馏水透析、去盐,每 3~4 小时更换一次透析液,2 天后用 $BaCl_2$ 溶液检查外透析液直至不再有白色沉淀生成,取出样液,冷冻干燥,得胰糜蛋白酶干粉。

2. 聚丙烯酰胺凝胶电泳

鉴定胰糜蛋白酶结晶的纯度。

五、实验注意事项

1. 胰脏必须是刚屠宰的新鲜组织或立即低温存放的,否则可能因组织自溶而导致实验失败。

2. 要想获得胰糜蛋白酶结晶,在进行结晶时应十分细心地按规定条件操作,切勿粗心大意,前几步的分离纯化效果愈好,则培养结晶也较容易,因此每一步操作都要严格。酶蛋白溶液过稀难形成结晶,过浓则易形成无定形沉淀析出,因此,必须恰到好处,一般来说待结晶的溶液开始时应略呈微混浊状态。

3. 过酸或过碱都会影响结晶的形成及酶活力变化,必须严格控制 pH。

4. 第一次结晶时,3~5 天后仍然无结晶,应检查 pH,必要时调整 pH 或接种,促使结晶形成,重结晶时间要短些。

六、作业

聚丙烯酰胺凝胶电泳鉴定胰糜蛋白酶结晶。

实验二十一　α 淀粉酶的纯化、活力测定和米氏常数测定

一、实验目的

1. 了解疏水层析的基本原理,掌握用疏水层析分离纯化蛋白质的方法。
2. 了解并掌握用 3,5-二硝基水杨酸作显色剂,采用分光光度法测定 α 淀粉酶活力。
3. 掌握测定 α 淀粉酶的米氏常数(K_m)方法。

二、实验原理

疏水层析(hydrophobic interation chromatography,HIC),也称疏水相互作用层析。疏水层析的依据是利用固定相载体疏水配基与流动相中的一些疏水分子发生可逆性结合而进行分离。蛋白质表面一般有疏水与亲水基团,如 Leu、Ile、Val 和 Phe 等非极性侧链形成疏水区,因而很容易与疏水配基作用而被吸附,利用蛋白质的疏水性,与疏水性载体在高盐浓度时结合。洗脱时,改变层析条件(盐浓度逐步降低),蛋白质因其疏水性不同被依次洗脱下来。利用此种性质,可以将蛋白质初步分离,用于盐析之后的蛋白质进一步提纯。

疏水相互作用的影响因素有蛋白质本身的疏水性和蛋白质的环境,一般而言,盐浓度越高,疏水相互作用越强。疏水层析的疏水配基一般在较高盐浓度下吸附蛋白质,降低盐浓度,可按低盐、水和有机溶剂顺序减弱疏水作用和洗脱,使不同蛋白质洗脱下来,另外温度、pH、表面活化剂和有机溶剂也会影响疏水作用。本实验采用 40% 乙醇将 α 淀粉酶洗脱下来。

实验中分离的 α 淀粉酶是经枯草芽孢杆菌 BF7658 发酵产生,发酵液经硫酸铵沉淀后的样品可直接吸附到疏水树脂 D101 上进行层析分离,得到纯度较高的 α 淀粉酶,如要得到纯度更高的 α 淀粉酶,可用 DEAE-纤维素层析进一步纯化。

α 淀粉酶能将淀粉分子链中的 $\alpha-1,4$ 葡萄糖苷键切断,使淀粉成为长短不一的短链糊精以及少量的麦芽糖和葡萄糖,麦芽糖在一定的条件下和 3,5-二硝基水杨酸反应生成黄绿色化合物,可以用比色法测定产生的麦芽糖量,因此可以用产生的麦芽糖量来表示酶的活力。酶活力单位的定义:在 25℃,每分钟能催化水解底物产生 1 μmol 麦芽糖的酶量为 1 单位(IU)。

根据酶与底物形成中间复合物的学说,酶反应的速度与底物浓度之间的关系,可用下列方程式 3-8 表示:

$$v = \frac{V_{\max} \cdot [S]}{K_m + [S]} \tag{3-8}$$

式 3 - 8 就是酶学上著名的米氏方程(Michaelies - Menten Equation),[S]为底物浓度,v 为反应速度,$V_{\max}$ 为最大反应速度,K_m 称为米氏常数。

当 $v = \frac{1}{2} V_{\max}$,代入式 3 - 8

则
$$\frac{1}{2} V_{\max} = \frac{V_{\max} \cdot [S]}{K_m + [S]} \tag{3-9}$$

显然,K_m 等于反应速度达到 $\frac{1}{2} V_{\max}$ 时的底物浓度,K_m 的单位就是浓度单位 mol/L 或 mmol/L。

测定 K_m 和 $V_{\max}$ 一般用作图法,本实验采用双倒数(Lineweaver-Burk)作图法,重新整理式 3 - 8

$$\frac{1}{v} = \frac{K_m}{V_{\max}} \cdot \frac{1}{[S]} + \frac{1}{V_{\max}} \tag{3-10}$$

以 $\frac{1}{v}$ 为纵坐标,$\frac{1}{[S]}$ 为横坐标作图可得一直线,这条直线在横轴上的截距为 $-\frac{1}{K_m}$,在纵轴上截距为 $\frac{1}{V_{\max}}$。

K_m 和 $V_{\max}$ 的测定是酶学工作的基本内容,特别是 K_m,它是酶动力学的基本常数,K_m 的数值可以反映出酶与底物亲和力的强弱。从式 3 - 8 可知,K_m 数值大,说明酶与底物的亲和力弱。K_m 小说明酶与底物的亲和力强。

三、实验器材与试剂

1. 仪器、用具:紫外可见分光光度计、层析柱 1 cm×30 cm、电子分析天平、水浴锅、容量瓶、普通玻璃器皿、pH 试纸。

2. 材料:枯草芽孢杆菌 BF7658 发酵液(含 α 淀粉酶)。

3. 试剂:

(1) 固体 $(NH_4)_2SO_4$。

(2) 大孔型吸附树脂 D101。

(3) 40%乙醇溶液。

(4) 20 mmol/L pH 6.9 磷酸钠(内含 6.7 mmol/L NaCl)缓冲液。

(5) 1%可溶性淀粉液,以 20 mmol/L pH 6.9 磷酸钠(内含 6.7 mmol/L NaCl)缓冲液配制。

(6) 0.5%可溶性淀粉溶液:称取可溶性淀粉 0.50 g,用 20 mmol/L pH 6.9 磷酸缓冲液溶解,定容至 100 mL。

（7）3,5-二硝基水杨酸显色剂：1.60 g NaOH 溶于 70 mL 蒸馏水中，再加入 1.0 g 3, 5-二硝基水杨酸，30 g 酒石酸钾钠，用水稀释到 100 mL。

（8）麦芽糖标准液（10 μmol/mL）：精确称取 360 mg 麦芽糖，用 20 mmol/L pH 6.9 磷酸钠（内含 6.7 mmol/L NaCl）缓冲液溶解，定容至 100 mL。

（9）酶溶液：称取 10 mg 精制酶粉，用 20 mmol/L pH 6.9 磷酸缓冲液 40 mL 溶解。

四、实验步骤

1. α淀粉酶的疏水层析

（1）大孔型吸附树脂 D101 的处理

称取 20 g 大孔型吸附树脂 D101，加入 150 mL 烧杯中，用 95% 乙醇浸泡 3 小时，使用布氏漏斗抽滤，再用去离子水抽洗数次，将处理过的树脂重新放回烧杯中，再加入等体积（60 mL）2 mol/L HCl 浸泡 2 小时，去离子水洗至中性，再次放回烧杯中，加 2 mol/L NaOH 浸泡 1.5 小时，在布氏漏斗上用去离子水抽洗至中性备用。

（2）枯草芽孢杆菌 BF7658 发酵液的盐析

取 120 mL 发酵液，调 pH 6.7～7.8，加入固体 $(NH_4)_2SO_4$，使其浓度达到 40%～42%，加完 $(NH_4)_2SO_4$ 后静置数小时，即可抽滤或离心，收集滤饼，将滤饼溶于适量去离子水中，最终体积为 100 mL，制成 α淀粉酶的粗酶溶液，待用。

（3）吸附、装柱、洗脱和收集

将 15 g 上述处理好的大孔型吸附树脂 D101，放入 250 mL 烧杯内，加入 100 mL α淀粉酶的粗酶溶液，电磁搅拌吸附 1 小时，停止搅拌，静置数分钟，倾倒去部分清液，将树脂慢慢转移到一根直径为 1 cm，高为 30 cm 的层析柱中，打开层析柱出口，让吸附后的废液流出，当液面与柱床表面相平时关闭出口，用滴管加入 40% 乙醇溶液，柱上端接恒流泵，用 40% 的乙醇洗脱，流速 0.5 mL/min，用紫外检测仪检测在 280 nm 的光吸收，自动部分收集器收集，每管 5 mL，绘制洗脱曲线，根据峰形合并洗脱液，取 0.5 mL 洗脱液进行酶活力测定。将有酶活性的洗脱液加入 1 倍体积预冷的 95% 乙醇进行沉淀，在冰箱中静置 1 小时后离心，然后用丙酮脱水 3 次，置于干燥器中过夜，取出酶粉称重。

（4）解析后树脂的再处理

取出柱中的树脂，用 2 mol/L NaOH 浸泡 4 小时，在布氏漏斗上抽滤，用水洗至中性，留待以后使用。

2. α淀粉酶活力的测定

待测样品包括发酵液、盐析后的粗酶溶液、疏水层析吸附后的废液，洗脱液和酶粉，取 4 支试管，按表 3-7 加入试剂。

表 3-7　酶活力测定方法 II

步骤 \ 管号	空白管	样品管	标准空白管	标准管
1. 加底物溶液(mL)	0.50	0.50	—	—
2. 加蒸馏水(mL)	0.50	—	1.00	—
3. 迅速加入待测酶液(mL),立即计时,25℃准确保温 3 min	—	0.50	—	—
4. 立即加入 3,5-二硝基水杨酸显色剂(mL)	1.00	1.00	1.00	1.00
5. 加麦芽糖标准液(mL)	—	—	—	1.00
6. 100℃水浴沸腾 5 min 后冷却				
7. 加蒸馏水(mL)	10.00	10.00	10.00	10.00
A(540 nm)	A(空)	A(样)	A(标空)	A(标)

3. α 淀粉酶米氏常数的测定

(1) 麦芽糖标准曲线的制作

取 10 支试管,按表 3-8 加入试剂。

表 3-8　麦芽糖标准曲线的制作

管号	空白	1	2	3	4	5	6	7	8	9
缓冲液(mL)	1	0.8	0.7	0.6	0.5	0.4	0.3	0.2	0.1	0
麦芽糖溶液(mL)	0	0.2	0.3	0.4	0.5	0.6	0.7	0.8	0.9	1.0
	加显色剂各 1 mL									
	沸水浴加热 5 min,冷却									
	用 20 mmol/L pH 6.9 缓冲液定容至 25 mL									
A(540 nm)	0									

(2) K_m 和 V_{max} 的测定

取 7 支试管,按表 3-9 加入试剂。以 $1/v$ 为纵坐标,$1/[S]$ 为横坐标,作图,并算出 K_m、V_{max}。

表 3-9　K_m 和 V_{max} 的测定

管号	1	2	3	4	5	6	0
20 mmol/L pH 6.9 磷酸缓冲液(mL)	0.8	0.7	0.6	0.5	0.4	0.3	1.0
底物溶液(mL)	0.2	0.3	0.4	0.5	0.6	0.7	0
酶液(mL)							
25℃反应时间							

管 号	1	2	3	4	5	6	0
加入显色剂 1.0 mL,沸水浴加热 5 min,冷却							
$[S]$							
$1/[S]$							
A(540 nm)							
相当于麦芽糖含量(μmol)							
v/(μmol/min)							
$1/v$							

五、实验注意事项

1. 提取过程中要注意控制好温度、pH 等提取条件防止酶的变性失活。

2. 疏水层析时上样量应根据层析柱的大小及 D - 101 吸附树脂的吸附能力而定。上样量太多会造成树脂饱和,影响提纯效果,造成样品浪费。

3. 取液量、酶反应时间一定要准确。加酶前后一定要将试剂混匀。

六、作业

1. 按照式 3 - 11 计算酶活力。

$$酶活力(U/mg) = \frac{(A_样 - A_空) \times 标准管中麦芽糖的物质的量(\mu mol)}{(A_标 - A_{标空}) \times 样品管中酶的质量(mg)} \quad (3-11)$$

2. 总活力和回收率计算。

表 3 - 10　α 淀粉酶活力测定-结果处理

待测样品	体积(mL)或质量(mg)	单位体积或单位质量的酶活力(U/mL 或 U/mg)	总活力(U)	活力回收率(%)
发酵液				
盐析后的粗酶溶液				
吸附后废液				
洗脱液				
酶粉				

3. 通过标准曲线,以 $1/v$ 为纵坐标,以对应的浓度的倒数即 $1/[S]$ 为横坐标,作双倒数图,求 K_m 值。

实验二十二　蛋白质相对分子质量的测定
——SDS-聚丙烯酰胺凝胶电泳法

一、实验目的

1. 掌握聚丙烯酰胺凝胶电泳的原理和方法。
2. 学会使用 SDS-聚丙烯酰胺凝胶电泳法测定蛋白质的相对分子质量。

二、实验原理

　　SDS 是十二烷基硫酸钠(sodium dodecyl sulfate)的简称,是一种带负电荷的阴离子去污剂,能按一定比例与蛋白质分子结合成带大量负电荷的复合物,其负电荷远远超过了蛋白质分子原有的电荷。在聚丙烯酰胺凝胶电泳中的迁移率只取决于分子大小这一个因素,不再受蛋白质原有电荷和形状的影响,就可根据标准蛋白质的相对分子质量的对数对迁移率所作的标准曲线求得未知蛋白质的相对分子质量。

三、实验器材与试剂

　　1. 仪器、用具:直流稳压电泳仪、垂直板电泳槽、微量移液器(1.0 mL、200 μL、20 μL)、烧杯、试管、吸管、直尺。

　　2. 试剂:

　　(1) 30%凝胶贮存液:丙烯酰胺(Acr)29.2 g,亚甲基双丙烯酰胺(Bis)0.8 g,用去离子水溶解后定容至 100 mL。过滤除去不溶物后置棕色瓶,4℃冰箱保存,30 天以内使用。

　　(2) 分离胶缓冲液:1.5 mol/L Tris-HCL,pH 8.9。

　　18. 15 g 三羟甲基氨基甲烷(Tris),加去离子水约 80 mL,用 1 mol/L HCl 调 pH 到8.9,用去离子水稀释至最终体积为 100 mL,4℃冰箱保存。

　　(3) 浓缩胶缓冲液:0.5 mol/L Tris-HCL,pH 6.7。

　　6 g Tris,用 60 mL 去离子水溶解,用 1 mol/L HCL 调 pH 至 6.7,用去离子水稀释至最终体积为 100 mL,4℃冰箱保存。

　　(4) 10%SDS,室温保存。

　　(5) 两类样品缓冲液:

表 3 - 11　2 倍还原缓冲液(2x reducing buffer)

0.5 mol/L Tris - HCl,pH 6.8	2.5 mL
甘油	2.0 mL
质量浓度 10%SDS	4.0 mL
质量浓度 0.1%溴酚蓝	0.5 mL
β-巯基乙醇	1.0 mL
总体积	10 mL

表 3 - 12　2 倍非还原缓冲液(2x non-reducing buffer)

去离子水	1.0 mL
0.5 mol/L Tris - HCl,pH 6.8	2.5 mL
甘油	2.0 mL
质量浓度 10%SDS	4.0 mL
质量浓度 0.1%溴酚蓝	0.5 mL
总体积	10 mL

(6) 电泳缓冲液,pH 8.3。

Tris 3 g,甘氨酸 14.4 g,SDS 1.0 g,用去离子水溶解后定容至 1 000 mL,4℃冰箱保存。

(7) 低相对分子质量标准蛋白质,开封后溶于 200 μL 去离子水,加 200 μL 2 倍样品缓冲液(还原缓冲液),分装 20 小管,−20℃保存。临用前沸水浴 3~5 min。

(8) 10%过硫酸铵溶液:此溶液需临用前配制。

(9) 1.5%琼脂:1.5 g 琼脂粉加去离子水 100 mL,加热至沸腾,未凝固前使用。

(10) 染色液:0.25 g 考马斯亮蓝 R250,加入 454 mL 50%甲醇溶液,46 mL 冰乙酸即可。

(11) 脱色液:50 mL 甲醇,75 mL 冰乙酸与 875 mL 去离子水混合即可。

(12) 待测相对分子质量的样品。

四、实验步骤

1. 准备

将垂直平板电泳槽装好,用 1.5%琼脂趁热灌注于电泳槽平板玻璃的底部。

2. 分离胶的选择和配制方法

按照蛋白质不同的相对分子质量选用不同浓度的分离胶。

表 3-13 蛋白质的相对分子质量与分离胶的浓度选择

蛋白质相对分子质量的范围	分离胶的浓度
$<10^4$	20%～30%
$1\times10^4\sim4\times10^4$	15%～20%
$4\times10^4\sim1\times10^5$	10%～15%
$1\times10^5\sim5\times10^5$	5%～10%
$>5\times10^5$	2%～5%

不同分离胶的配制方法。

表 3-14 不同分离胶的配制方法

分离胶的浓度	20%	15%	12%	10%	7.5%
去离子水/mL	0.75	2.35	3.35	4.05	4.85
1.5 mol/L Tris-HCl(pH 8.8)/mL	2.5	2.5	2.5	2.5	2.5
质量浓度为 10% SDS/mL	0.1	0.1	0.1	0.1	0.1
凝胶贮备液(Acr/Bis)/mL	6.6	5.0	4.0	3.3	2.5
质量浓度为 10%过硫酸铵/μL	50	50	50	50	50
四甲基乙二胺(TEMED)/μL	5	5	5	5	5
总体积/mL	10	10	10	10	10

3. 分离胶的灌制

根据待测蛋白质样品的相对分子质量选择合适的分离胶浓度,本实验选用血管内皮细胞生长因子(VEGF)为待测相对分子质量的样品,用 12%的分离胶。

在 15 mL 试管中依次加入重蒸水 3.35 mL、1.5 mol/L Tris-HCl(pH 8.8)缓冲液 2.5 mL、10%SDS 0.1 mL、凝胶贮备液 4.0 mL、10%过硫酸铵 50 μL 和 TEMED 5 μL,由于加入 TEMED 后凝胶就开始聚合,所以应立即混匀混合液,然后用滴管吸取分离胶,在电泳槽的两玻璃板之间灌注,留出梳齿的齿高加 1 cm 的空间以便灌注浓缩胶。然后用滴管小心地在溶液上覆盖一层重蒸水,将电泳槽垂直静置于室温下 30～60 min,分离胶则聚合,待分离胶聚合完全后,除去覆盖的重蒸水,尽可能去干净。

4. 浓缩胶的配制和灌制

一般采用 5%的浓缩胶,配制方法:去离子水 2.92 mL、0.5 mol/L Tris-HCL 缓冲液(pH 6.8)1.25 mL、10%SDS 0.05 mL、凝胶贮备液(Acr/Bis)0.8 mL、10%过硫酸铵 25 μL、TEMED 5 μL,在试管中混匀,灌注在分离胶上,小心插入梳齿,避免混入气泡,将电泳槽垂直静置于室温下至浓缩胶完全聚合(约 30 min)。

5. 样品的制备

（1）标准蛋白质样品的制备

取出一管预先分装好的 20 μL 低相对分子质量标准蛋白质，放入沸水浴中加热 3～5 min，取出冷至室温。

（2）待测蛋白质样品的制备

a. 10 μL 血管内皮细胞生长因子（约 5 μg），加 10 μL 2 倍还原缓冲液。

b. 10 μL 血管内皮细胞生长因子（约 5 μg），加 10 μL 2 倍非还原缓冲液。

以上 a、b 两管均同标准蛋白质样品一样，在沸水浴中加热 3～5 min，取出冷至室温。

6. 电泳

待浓缩胶完全聚合后，小心拔出梳齿，用电极缓冲液洗涤加样孔（梳孔）数次，然后将电泳槽注满电极缓冲液。用移液器按号向凝胶梳孔内加样。接上电泳仪，上电极接电源的负极，下电极接电源的正极。打开电泳仪电源开关，调节电流至 20～30 mA 并保持电流强度恒定。待蓝色的溴酚蓝条带迁移至距凝胶下端约 1 cm 时，停止电泳。

7. 染色与脱色

小心将胶取出，置于一大培养皿中，在溴酚蓝条带的中心插一细钢丝作为标志。加染色液染色 1 小时，倾出染色液，加入脱色液，数小时更换一次脱色液，直至背景清晰。

8. 相对分子质量的计算

用直尺分别量出标准蛋白质、待测蛋白质区带中心以及钢丝距分离胶顶端的距离，按式 3-12 计算相对迁移率：

$$相对迁移率 = \frac{样品迁移距离(cm)}{染料迁料迁移(cm)} \times 染料迁移距离(cm) \qquad (3-12)$$

以标准蛋白质 Mr 的对数对相对迁移率作图，得到标准曲线。根据待测蛋白质样品的相对迁移率，从标准曲线上查出其相对分子质量。

五、实验注意事项

为了更好地散热，可以将电泳槽放在 4℃ 的冷藏柜内操作。

六、作业

计算出迁移率。

第四章
细胞生物学实验

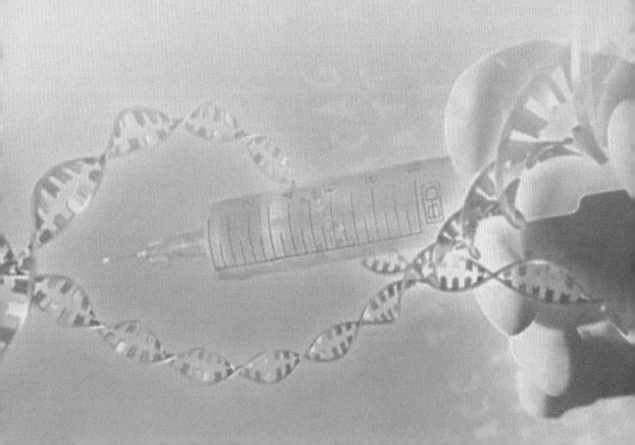

实验二十三　细胞形态结构观察与细胞计数

一、实验目的

1. 掌握普通光学显微镜下真核细胞的形态结构。
2. 掌握细胞计数方法和细胞存活率计算方法。
3. 学习临时装片、涂片的制作方法。

二、实验原理

细胞是生命活动的基本结构和功能单位,细胞种类繁多、形态各异。细胞的形态结构与功能是相适应的。细胞有球形、椭圆形、扁平形、立方形、长梭形、星形等。虽然细胞形态各异,但细胞都具有共同的基本结构特点,都是由细胞壁(植物细胞)、细胞膜、细胞质和细胞核组成。细胞体积很小,动物细胞的直径为 $10\sim20~\mu m$,而人眼的分辨率为 $100~\mu m$,人眼是无法看到这些细胞的。一般光学显微镜的最大放大倍率约为 2 000 倍,即最大分辨率为 $0.2~\mu m$。细胞中的线粒体、高尔基体、中心体、染色体等细胞器直径都大于 $0.2~\mu m$,一般经固定染色后,借助显微镜可以观察细胞及其内部结构,通常在光学显微镜下所见到的结构称为显微结构。

细胞计数法是细胞培养过程中的一项基本技术,只有控制合适的细胞密度才能确保细胞顺利生长,细胞计数的原理比较简单,从需要计数的细胞悬液中取一定体积悬液,稀释后在显微镜下利用细胞计数板进行计数,即可换算出原始细胞悬液中细胞的密度以及细胞总数。

图 4-1 是血细胞计数器一个计数区示意图,血细胞计数器是精密的玻璃仪器,具有两个可以计数的区室,每个区室由 9 个亚区构成,亚区的边长为 1 mm,中间平台下陷 0.1 mm,盖上盖片后,每个亚区的容积为 0.1 mm^3。根据在显微镜下观察到的细胞数目,换算成单位体积中细胞的数量,以细胞数/毫升表示。计算细胞数时,压线者只计算左侧和上方的,右和下的不计算在内(图 4-2)。

运用血细胞计数器进行细胞活力的测定时常采用台盼蓝染色法,细胞损伤或死亡时,台盼蓝可穿透变性的细胞膜,与解体的 DNA 结合,使其着色。活细胞能阻止染料进入细胞,死细胞被染成淡蓝色,而活细胞拒染。台盼蓝染细胞时,时间不宜过长。否则,部分活细胞也会着色,干扰计数,活细胞率的计算见式 4-1。

活细胞率(%)=活细胞总数/(活细胞总数+死细胞总数)×100%　　(4-1)

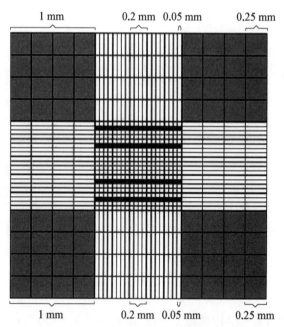

图 4－1 血细胞计数器一个计数区示意图

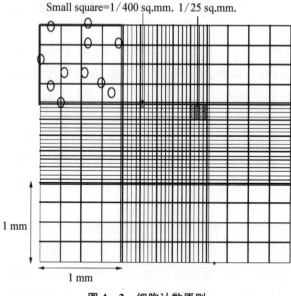

图 4－2 细胞计数原则

三、实验器材与试剂

1. 仪器、用具：光学显微镜、血细胞计数板、载玻片、盖玻片、剪刀、镊子、滤纸、滴管、擦镜纸。

2. 材料：洋葱、人口腔上皮细胞、鸡血细胞。

3. 试剂：1％碘液、瑞特染液、0.4％台盼蓝。

四、实验步骤

1. 洋葱鳞茎表皮细胞的显微观察

（1）临时装片的制备：取干净载玻片，中央滴一滴 1‰碘液；取洋葱鳞茎，用剪刀剪取一小块方形膜质表皮（3～4 mm），用镊子撕取内表皮，置于载玻片的碘液中，铺平。用镊子夹取干净的盖玻片，将其一侧先接触标本旁的碘液，再缓缓盖上盖玻片，如果液体太多用滤纸吸去盖玻片周围的液体。

（2）将制备好的装片放到显微镜下，先用低倍镜观察，寻找细胞形状规则、清晰的区域，再换高倍镜观察细胞内部结构。

2. 人口腔黏膜上皮细胞的标本制备及显微观察

（1）临时装片的制备：取干净载玻片，中央滴 1 滴 1‰碘液；用一根灭菌的牙签轻轻刮取颊部任何一侧的上皮。然后涂在载玻片上的碘液中，并搅动几下使细胞散开。用镊子夹取干净的盖玻片，将其一侧先接触标本旁的碘液，再缓慢盖上盖玻片，方法同 1。

（2）将制备好的装片放到显微镜下观察，方法同 1。

3. 鸡血细胞的观察

（1）血涂片的制备：用吸管吸取少量稀释后的鸡血，在载玻片一端滴一滴，另取一张载玻片，使其一条边缘接触血液，两玻片呈 30°～45°，迅速向前推移，使血液被拉成均匀的薄膜，置于空气中自然晾干。

（2）染色：在血膜上滴几滴瑞特染液，染色 1 min，加入等量去离子水，稀释染液，继续染色 10 min。用水轻轻冲洗玻片上的染液，晾干玻片。

（3）观察：分别用低倍镜和高倍镜观察血细胞的形态。

4. 鸡血细胞计数及细胞活力计算

（1）准备计数板：取清洁的血球计数板平放于桌面上，在计数板上方加盖盖玻片。

（2）加样：用吸管混匀细胞悬液，分别吸一滴未染色和染色的细胞悬液，从盖玻片与计数池交界处两侧分别滴入细胞计数池。

（3）计数：将计数板放 $10\times$ 镜下观察，找到计数池四角的大方格，数出四个角上大方格的细胞总数。

（4）计算细胞浓度见式 4-2：

$$细胞浓度＝（四大方格细胞的总数/4）\times 10^4 \times 稀释倍数 \qquad (4-2)$$

（5）细胞活力计算见式 4-3：使用 0.5％台盼蓝对细胞进行染色，活细胞不着色，死细胞被染成蓝色。

$$细胞活力＝不着色活细胞数/（蓝色死细胞数＋活细胞数）\times 100％ \qquad (4-3)$$

五、实验注意事项

1. 注意显微镜使用中的注意事项，爱护仪器。

2. 除了对细胞基本形态结构的观察外,还要注意思考细胞形态与其功能相适应的特点。

3. 临时装片制备时,注意防止产生气泡。

4. 细胞计数时,取样前要充分混匀细胞悬液,若细胞聚集成团,只按一个细胞计数,计数板使用完后必须清洗吹干。

六、作业

1. 画出洋葱鳞茎表皮细胞图,并标示出细胞的各部分。

2. 根据观察结果,计算每毫升细胞悬液中的细胞数和细胞存活率。

实验二十四　细胞中多糖与过氧化物酶的定位

一、实验目的

掌握显示细胞中多糖和过氧化物酶反应的原理和方法。

二、实验原理

高碘酸-席夫试剂(Schiff's)反应,简称 PAS 反应,是 1964 年在福尔根(Feulgen)反应的基础上发展而来,该反应的依据是利用高碘酸的强氧化性,高碘酸作为强氧化剂能打开C—C 键,使多糖分子中的乙二醇氧化变成乙二醛,氧化得到的醛基与 Schiff's 试剂反应形成紫红色化合物(图 4-3)。紫红色的深浅与糖类的多少有关,是显示糖原的最经典也是最直接的细胞化学方法。

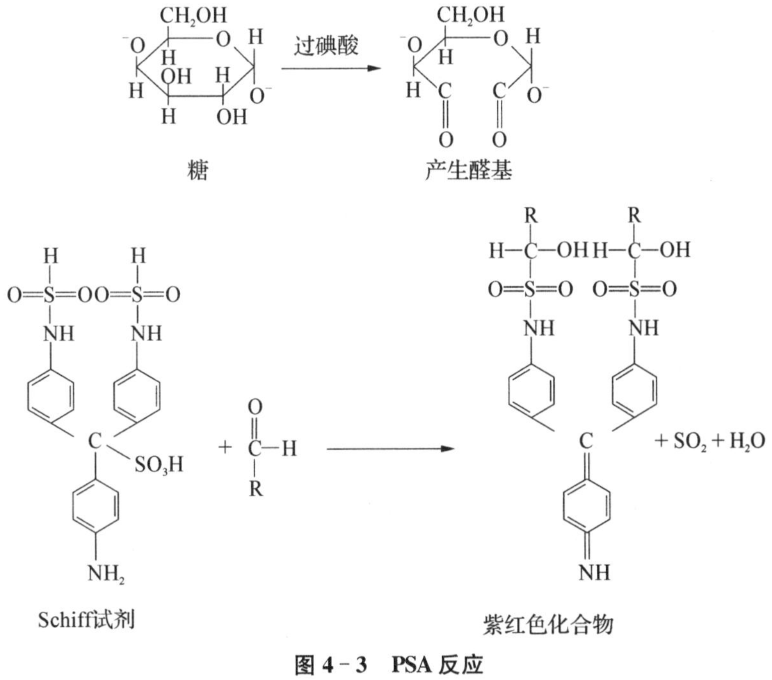

图 4-3　PSA 反应

细胞内的过氧化物酶能把联苯胺氧化成蓝色或棕色络合物(中间产物联苯胺蓝,很不稳定,无需酶的参与即可转变为棕色的联苯胺腙),故可根据蓝色或棕色物质的出现来显示过氧化物酶的存在(图 4-4)。

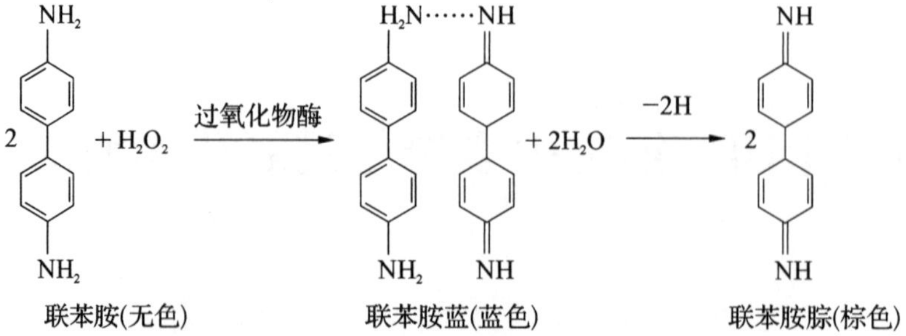

图 4-4 过氧化物酶联苯胺反应

三、实验器材与试剂

1. 仪器、用具:光学显微镜、镊子、染色钵、刀片、载玻片、盖玻片、吸水纸等。

2. 材料:马铃薯块茎、洋葱根尖或洋葱鳞茎。

3. 试剂:

(1) 高碘酸溶液:高碘酸($HIO_4 \cdot 2H_2O$)0.4 g;95%乙醇 35 mL;M/5 醋酸钠溶液(2.72 g 醋酸钠溶于 100 mL H_2O)5 mL;去离子水 10 mL。

(2) Schiff's 试剂。

(3) 亚硫酸水溶液。

(4) 70%乙醇。

(5) 联苯胺溶液:在 0.85%盐水内加入联苯胺至饱和为止,临用前加入 20%体积的 H_2O_2,每 2 mL 加一滴。

(6) 0.1%钼酸铵溶液:称取 0.1 g 钼酸铵溶于 100 mL 0.85%盐水。

四、实验步骤

1. 细胞中多糖的测定:高碘酸-席夫 PAS 反应

(1) 把马铃薯块茎用刀片徒手切成薄片,放入 50 mL 小烧杯中。

(2) 浸于 1 mL 高碘酸溶液 5~15 min。

(3) 移入 2 mL 70%乙醇中浸泡片刻。

(4) 除去乙醇,加入 3 mL Schiff's 试剂染色 15 min。

(5) 吸取 Schiff's 试剂,用 1 mL 亚硫酸溶液洗三次,每次 1 min。

(6) 蒸馏水洗片刻。

(7) 装片镜检,镜检结果细胞中多糖部位呈现紫红色。

2. 细胞中过氧化物酶的测定——联苯胺反应

(1) 把洋葱根尖徒手切成 20~40 μm 厚的薄片或用镊子撕取洋葱鳞茎内表皮一小块,置于载玻片上。

(2) 向载玻片上的样品,滴加一滴 0.1%钼酸铵,作用 5 min,钼酸铵的作用是催化剂。

（3）除去钼酸铵溶液，滴一滴联苯胺溶液（2 min），待出现蓝色。

（4）吸去联苯胺溶液，在 0.85％盐水溶液中洗 1 min。

（5）将薄片置于载玻片上展开，盖上盖玻片，显微镜检查，结果细胞中有蓝色沉淀出现。

五、实验注意事项

1. 掌握徒手切片技术，获得薄而均匀的切片，以便获得好的观察效果。

2. 高碘酸处理的时间影响到染色程度，染色时间不宜过长。

3. 联苯胺样品在与反应液作用时务必保证溶液浸透样品。联苯胺及其盐都是有毒的致癌物质，固体及蒸汽都很容易通过皮肤进入体内，引起接触性皮炎，刺激黏膜，损害肝和肾脏。实验中作为染液，配制时在通风橱中进行，染色时用量很少，注意戴上手套，避免皮肤接触，若接触应立即用肥皂水及清水彻底冲洗。

六、作业

1. 简述 PAS 反应及联苯胺反应的原理。

2. 观察、绘制反应后细胞中多糖和过氧化物酶的分布情况。

实验二十五　细胞膜的通透性

一、实验目的

1. 了解溶血现象及其发生机制。

2. 理解细胞膜的选择通透性和物质分子质量、脂溶性、电解质和非电解质溶液对细胞膜透性的影响。

二、实验原理

细胞膜在不断变化的环境中，必须具有保持自身稳定的能力，才能存活。细胞膜是细胞与环境进行物质交换的屏障，是一种半透膜，具有选择通透性，可选择性地控制物质进出细胞。水分子可以自由通过细胞膜，将红细胞放在低渗溶液中，水分子大量渗透到细胞内，可使细胞涨破，血红蛋白释放到介质中，溶液由不透明的红细胞悬液变为红色透明的血红蛋白溶液，这种现象称为溶血。由于溶质渗透入细胞的速度不同，发生溶血的时间也不同。因此，发生溶血现象所需的时间长短可作为测量物质进入红细胞速度的一种指标，即溶血时间对应着穿膜速度。

红细胞在等渗盐溶液中短时间之内不会发生溶血，但是由于红细胞的细胞膜对不同物质的通透性不同，时间久了，膜两侧的渗透压平衡会被打破，也会发生溶血。

本实验选用红细胞作为细胞膜通透性的实验材料，将其放入不同的介质溶液中，观察红细胞的变化。选用乙二醇、丙三醇、葡萄糖等摩尔浓度的高渗液，观察红细胞溶血现象。溶血现象发生的快慢与进入细胞的物质的分子质量大小有关。分子质量大的进入细胞较慢，发生溶血现象所需的时间也长。

三、实验器材与试剂

1. 仪器、用具：显微镜、试管、离心机、离心管、滴管、试管架、小烧杯、秒表。

2. 材料：含适量肝素的鸡血或兔血。

3. 试剂：0.85％的 NaCl 溶液、0.085％的 NaCl 溶液、0.9 mol/L 的乙二醇溶液、0.9 mol/L 丙三醇溶液、6％的葡萄糖溶液、2％的聚乙二醇辛基苯基醚（Triton X - 100）溶液。

四、实验步骤

1. 取鸡血 6 mL，加 0.85％NaCl 溶液 4 mL，在 1 000 r/min 条件下离心 5 min。

2. 将上述离心后的红细胞按沉淀量配成 50％浓度。

3. 每组取 6 支试管,分别加入如下溶液各 3 mL:

(1) 0.85％NaCl 溶液

(2) 0.085％NaCl 溶液

(3) 0.9 mol/L(0.3 mol/L 等渗)乙二醇溶液

(4) 0.9 mol/L(0.3 mol/L 等渗)丙三醇溶液

(5) 6％(5％等渗)葡萄糖溶液

(6) 2％(1.5％等渗)TritonX-100

4. 向上述 6 支试管中分别加入 50％红细胞悬液 1 滴,轻摇混匀,观察试管中是否有溶血现象发生,记录溶血时间,并置于显微镜下观察各溶液的细胞。

五、实验注意事项

1. 滴加完 50％的血细胞悬液后,可用手指轻弹试管,使其混合均匀,防止血细胞沉入底部,但不要用力振荡,以免细胞遭到人为损坏。

2. 注意滴加的顺序,因 3 号溶液在加入血细胞后溶血时间很短,最好在稍后滴加,并提前做好准备工作,以免错过溶血的观察。

3. 在显微镜下观察时,若发现细胞移动得较快,可用吸水纸吸走部分溶液再进行观察。

六、作业

1. 记录实验现象并分析原因。

2. 分别绘出在等渗和高渗状态下的红细胞状态。

实验二十六　细胞融合

一、实验目的

1. 掌握细胞融合的基本方法。

2. 了解聚乙二醇(PEG)诱导细胞融合的基本操作过程。

3. 观察细胞融合过程中细胞的行为与变化。

二、实验原理

细胞融合是在自发或人工诱导下,两个或两个以上细胞融合形成一个杂种细胞的生物过程。细胞融合的诱导物种类很多,常用的主要有生物法如用灭活的仙台病毒,化学法如用聚乙二醇(PEG)和物理法如电脉冲、振动、离心、电激等。目前应用最广泛的是化学诱导方法,操作方便,诱导融合的概率比较高,效果稳定,适用于动、植物细胞,但对细胞具有一定的毒性。PEG 是广泛使用的化学融合剂。PEG 易得、简便,且融合效果稳定,能够改变细胞膜脂质分子的排列,在去除 PEG 之后,细胞膜趋向于恢复原有的有序结构。在恢复过程中想接触的细胞由于接口处脂质双分子层的相互亲和与表面张力,细胞膜融合,胞质流通,发生融合。

病毒诱导融合,仙台病毒、牛痘病毒、新城鸡瘟病毒和疱疹病毒等可以介导细胞与细胞的融合。用紫外线灭活后,这些病毒即可诱导细胞发生融合。电激诱导融合,包括电诱导、激光诱导等。其中,电诱导是先使细胞在电场中极化成为偶极子,沿电力线排布成串,再利用高强度、短时程的电脉冲击破细胞膜,细胞膜的脂质分子发生重排,由于表面张力的作用,两细胞发生融合。电诱导方法具有融合过程易控制、融合率高、无毒性、作用机制明确、可重复性高等优点。

三、实验器材与试剂

1. 仪器、用具:倒置显微镜、离心机、离心管、滴管、血细胞计数板、水浴锅、烧杯、凹面载玻片、盖玻片、酒精灯、注射器等。

2. 材料:成年家鸡。

3. 试剂:

(1) 50%聚乙二醇(PEG4000)。

(2) 0.85%氯化钠溶液。

(3) GKN 溶液:葡萄糖 2 g、酚红 0.01 g、氯化钾 4 g、氯化钠 8 g、碳酸氢钠 0.35 g,溶于

1 000 mL 去离子水中。

（4）肝素。

（5）Hank 液：原液 A 1 份、原液 B 1 份、去离子水 18 份，混合后，分装于 200 mL 小瓶中，高压蒸汽灭菌 15 min，临用前用无菌的 5.6% $NaHCO_3$ 调 pH 至 7.2～7.6。

原液 A：NaCl 160 g、$MgSO_4 \cdot 7H_2O$ 2 g、KCl 8 g、$MgCl_2 \cdot 6H_2O$ 2 g、$CaCl_2$ 2.8 g，溶于 1 000 mL 去离子水。

原液 B：将①液和②液混合，补加去离子水至 1 000 mL，即为原液 B。

① $Na_2HPO_4 \cdot 12H_2O$ 3.04 g、KH_2PO_4 1.2 g、葡萄糖 20.0 g，溶于 800 mL 去离子水中；

② 0.4%酚红溶液：取酚红 0.4 g，置研钵中，逐滴加入 0.1 mol/L NaOH，并研磨，直至完全溶解。将溶解的酚红吸入 100 mL 量瓶中，用去离子水洗下研钵中残留酚红液，并入量瓶中，最后加去离子水至 100 mL。

（6）詹纳斯绿（Janus green）染液。

四、实验步骤

本次实验中采用的是化学诱导融合的方法，利用 PEG 使鸡血红细胞发生融合。具体实验步骤如下：

（1）在鸡翅下静脉用注射器采血，迅速与肝素（100U 肝素/5 mL 全血）混合，制备抗凝全血。

（2）取抗凝全血加入 4 倍体积的 0.85% 的 NaCl 溶液，制成红细胞储备液。

（3）取红细胞储备液 1 mL，加入 4 倍体积的 0.85% 的 NaCl 溶液，混匀后，在 1 200 r/min 下离心 5 min，去掉上清液，再加入 5 mL 0.85% 的 NaCl 溶液，按上述条件离心一次。

（4）将离心后的沉降血球，加入 GKN 溶液至 1～2 mL，使之成为 10% 的细胞悬液。

（5）取以上细胞悬液，在血细胞计数板上计数。若细胞浓度过大，用 GKN 溶液稀释至 1×10^7 个/mL 左右。

（6）取 1 mL 10% 的血球悬液，加入 4 mL Hank 液混匀，1 200 r/min 离心 5 min，去掉上清液，轻弹离心管管底，使沉淀的血细胞团块松散。

（7）取 0.5 mL 37℃ 的 50%PEG 溶液，沿离心管壁慢慢逐滴加入，边加边轻摇离心管，使 PEG 与细胞混匀，37℃ 水浴静止 2 min。

（8）慢慢加入 5 mL Hank 液，轻轻吹打混匀，于 37℃ 水浴静止 5 min。

（9）轻轻吹打细胞团块，使其松散，1 200 r/min 离心 5 min，去掉上清液，再加入 5 mL Hank 溶液，按上述条件离心一次，去掉上清液，加少量 Hank 溶液混匀。

（10）吸取细胞悬液，在凹面载玻片上滴一滴，加入 Janus green 染液染色 3 min，显微镜下观察细胞融合情况。

（11）计算细胞融合率。

五、实验注意事项

1. PEG 诱导融合的效果，同分子量大小及浓度高低密切相关。分子量和浓度愈大，促进细胞融合的能力愈高,而其黏度及对细胞的毒性也随之增大,故通常以选用分子量为 4 000～6 000 浓度 30%～50% 的 PEG 进行融合为宜。

2. PEG 使细胞融合或致死剂量界限很狭小,为达到成功有效的融合,还必须严格掌握 PEG 的处理时间。

六、作业

1. 绘制观察到的融合细胞,并计算融合率。
2. 说明影响细胞融合的关键因素。

实验二十七　DNA 的细胞化学

——福尔根(Feulgen)反应

一、实验目的

1. 掌握 Feulgen 反应的基本原理。
2. 熟悉 Feulgen 反应的染色方法与操作步骤。

二、实验原理

核酸是细胞中的重要组分,主要包括 DNA 和 RNA。DNA 是遗传信息的载体,是由许多单核苷酸聚合成的多核苷酸,每个单核苷酸又由磷酸、脱氧核糖和碱基构成。DNA 在酸性条件下,经 1 mol/L 盐酸水解,断开嘌呤碱和脱氧核糖之间的糖苷键,使脱氧核糖的第一碳原子上形成游离的醛基,这些醛基与席夫试剂(Schiff)反应。Schiff 试剂是由碱性品红和偏重亚硫酸钠相作用,形成无色的品红液,无色品红与醛基反应产生紫红色醌基化合物。使得细胞内含有 DNA 的地方呈现紫红色阳性反应。材料不经过水解或预先用热的三氯醋酸或 DNA 酶处理,得到的反应是阴性的,从而证明了 Feulgen 反应的专一性。Feulgen 反应是特异性显示 DNA 的最经典方法,得到广泛的应用。

三、实验器材与试剂

1. 仪器、用具:显微镜、恒温水浴箱、温度计、解剖针、酒精灯、试管、烧杯、载玻片、盖玻片、吸水纸。
2. 材料:洋葱鳞茎或根尖。
3. 试剂:1 mol/L 盐酸、Schiff 试剂、亚硫酸水溶液、4.5%醋酸。

四、实验步骤

1. 水解:将洋葱根尖或鳞茎内表皮放在 1 mol/L HCl 中,加热到 60℃ 水解 8~10 min。
2. 漂洗:吸去 HCl,用 2 mL 蒸馏水浸泡漂洗片刻。
3. 染色:吸去蒸馏水,加 0.5 mL Schiff 试剂避光染色 30 min。
4. 去干扰:吸去 Schiff 试剂,用新鲜配制的亚硫酸水溶液洗 3 次,2 min/次。
5. 漂洗:用 2 mL 左右的蒸馏水漂洗 2 遍。
6. 制片:吸取根尖置于载玻片上,稍微吸干水分,镊子捣碎,滴一滴 4.5%醋酸,盖上盖玻片,轻压使根尖散开成单层云雾状。

7. 观察:低倍镜下找到分生区细胞,转到高倍镜下观察细胞各部位的染色效果。细胞内含 DNA 的部分应呈现紫红色的阳性反应。

五、实验注意事项

1. 操作过程中,取根尖的生长分生区部位,勿取根冠部位。

2. Feulgen 反应的染色深浅与材料、水解时的温度和时间都有关系。水解时间的长短要根据固定液和材料来进行选择,时间太短则游离的醛基量少而染色不深,时间太长会因醛基进一步变成其他物质,染色也不深,水解时的温度也要严格控制。

六、作业

1. 简述 Feulgen 反应的原理和实验的关键步骤。
2. 绘图展示洋葱根尖细胞或鳞茎表皮细胞 DNA 的分布部位。

实验二十八　植物细胞骨架的光学显微镜观察

一、实验目的

1. 了解细胞骨架的结构特征和样品制备技术。
2. 掌握考马斯亮蓝 R250 对细胞骨架(微丝)染色的方法。

二、实验原理

细胞骨架是真核细胞中的蛋白纤维网架体系,根据其组成成分和形态结构可分为微管、微丝及中间纤维。细胞骨架在维持细胞形态,承受外力、保持细胞内部结构的有序性方面起重要作用,此外还参与许多重要的生命活动,细胞生长、运动、分裂、分化、物质运输等都与细胞骨架有关。另外,在植物细胞中细胞骨架指导细胞壁的合成。用适当浓度聚乙二醇辛基苯基醚(Triton X-100)处理时,可将细胞内蛋白质和全部脂质抽提,但细胞骨架系统的蛋白质却被保存,用戊二醛固定,考马斯亮蓝 R250 染色后,可在光学显微镜下观察到细胞骨架的网状结构,主要是由微丝组成的微丝束,这就是细胞骨架。

三、实验器材与试剂

1. 仪器、用具:显微镜、滴管、试管、培养皿、载玻片、盖玻片、镊子、剪刀、吸水纸。
2. 材料:洋葱鳞茎。
3. 试剂:

(1) M 缓冲液:咪唑 3.4 g、KCl 3.73 g、$MgCl_2 \cdot 6H_2O$ 0.1 g、乙二醇双(a-氨基乙基醚)四乙酸(EGTA)0.38 g、乙二胺四乙酸(EDTA)0.04 g、巯基乙醇 70 μL、甘油 294.8 μL,加去离子水定容至 1 L,pH 调至 7.2。

(2) pH 6.8 磷酸缓冲液。

(3) 1% Triton X-100。

(4) 0.2%考马斯亮蓝 R250。

(5) 3%戊二醛。

四、实验步骤

1. 撕取洋葱鳞茎内表皮细胞约 1 cm² 大小若干片,置于装有 pH 6.8 磷酸缓冲液的培养皿中使其下沉(1～2 min)。

2. 吸去 pH 6.8 磷酸缓冲液,用 1% Triton X-100 处理 30 min。

3. 吸去 1% Triton X-100，用 M-缓冲液洗三次，每次 5 min。

4. 用 3%戊二醛固定 0.5～1 小时。

5. 用 pH 6.8 磷酸缓冲液洗三次，每次 5 min。

6. 用 0.2%考马斯亮蓝 R250 染色 20 min。

7. 用蒸馏水洗 2 次，将细胞平铺于载玻片上，加盖玻片，于普通光学显微镜下观察。

五、实验注意事项

1. 由于细胞核中含有丰富的细胞骨架，像核纤层、细胞核基质、染色体骨架，所以在考马斯亮蓝 R250 染色后呈现蓝色。

2. 为了更好地观察微丝束结构，采用戊二醛对细胞进行固定。戊二醛是一种交联剂，渗透快，交联能力强，对蛋白质的固定效果好，且不破坏细胞骨架的结构。

六、作业

1. 洋葱表皮细胞中，质膜下、核周、胞质中的细胞骨架的分布有无不同。

2. 绘制植物细胞骨架结构图。

实验二十九　液泡系与线粒体的活体染色

一、实验目的

1. 了解动植物活细胞内线粒体、液泡系的形态、数量与分布。
2. 掌握动植物细胞活体染色的原理和有关技术。
3. 了解植物细胞液泡系的发育过程。

二、实验原理

活体染色是指对生物有机体的细胞或组织进行着色，但又无毒害的一种染色方法。活体染色的目的是显示生物细胞内的某些天然结构，而不影响细胞的生命活动和产生任何物理、化学变化以致引起细胞的死亡。活体染色技术可用来研究生活状态下的细胞形态结构和生理、病理状态。

据使用染色剂的性质和染色方法的不同，通常把活体染色分为体内活染与体外活染两类。体内活染是以胶体状的染料溶液注入动、植物体内，染料的胶粒固定、堆积在细胞内某些特殊结构里，达到易于识别的目的。体外活染又称超活染色，它是由活的动、植物分离出部分细胞或组织小块，以染料溶液浸染，染料被选择固定在活细胞的某种结构上而显色。

詹纳斯绿 B(Janus green B)和中性红(neutral red)两种碱性染料是活体染色剂中最重要的染料，对于线粒体和液泡系的染色具有专一性。詹纳斯绿 B 是毒性最小的碱性染料，可专一性地对线粒体进行活体染色，由于线粒体中的细胞色素氧化酶系的作用，染料始终保持氧化状态，呈蓝绿色；而线粒体周围的细胞质中，詹纳斯绿 B 被还原为无色的色基。中性红是液泡系的特殊染色剂，为弱碱性染料，只将活细胞中的液泡系染成红色，细胞核与细胞质完全不着色。

三、实验器材与试剂

1. 仪器、用具：显微镜、恒温水浴锅、解剖盘、剪刀、镊子、双面刀片、载玻片、盖玻片、表面皿、吸管、牙签、吸水纸等。

2. 材料：洋葱鳞茎、人口腔上皮细胞、青蛙。

3. 试剂：

(1) 林格氏液(Ringer)：氯化钠 8.5 g(变温动物用 6.5 g)；氯化钾 0.14 g；氯化钙 0.12 g；碳酸氢钠 0.20 g；磷酸氢二钠 0.01 g；葡萄糖 2.0 g；加蒸馏水至 100 mL。

（2）1½ 1/3 000 中性红溶液：称取 0.5 g 中性红溶于 50 mL Ringer 溶液，稍加热（30～40℃）使之很快溶解，用滤纸过滤，装入棕色瓶置于暗处保存，否则易氧化沉淀，失去染色能力。

临用前，取已配制的 1½ 中性红溶液 1 mL，加入 29 mL Ringer 溶液混匀，装入棕色瓶备用。

（3）1½ 1/5 000 詹纳斯绿 B 溶液：称取 50 mg 詹纳斯绿 B 溶于 5 mL Ringer 溶液中，稍微加热（30～40℃）使之溶解，用滤纸过滤后，即为 1½ 原液。取 1½ 原液 1 mL 加入 49 mL Ringer 溶液，即成 1/5 000 工作液，装入棕色瓶中备用。最好现用现配，以保持它的充分氧化能力。

四、实验步骤

1. 液泡系的活体染色与观察

（1）植物细胞液泡的活体染色

撕取洋葱鳞茎内表皮，平铺在载玻片上，滴加一滴 1/3 000 中性红溶液染色 5～10 min，吸去染液，滴加 Ringer 液，盖上盖玻片，显微镜观察，可见到被染成砖红色的中央大液泡。

（2）动物细胞液泡的活体染色

将青蛙处死，解剖剪取胸骨剑突最薄的部分一小块，放入载玻片上的 1/3 000 中性红染液中，染色 5～10 min。用吸管吸去染液，滴加 Ringer 液，盖上盖玻片，用油镜进行观察。在高倍镜下，可见软骨细胞为椭圆形，细胞核及核仁清晰可见，在细胞核的上方胞质中，有许多被染成玫瑰红色大小不一的泡状体，这一特定区域叫高尔基区，即液泡系。

2. 线粒体的活体染色

（1）植物细胞线粒体的活体染色

撕取洋葱鳞茎内表皮，平铺在载玻片上，滴加 2 滴 1/5 000 詹纳斯绿 B 溶液染色 10～15 min（注意不可使染液干燥，必要时可再加滴染液），吸去染液，滴加 Ringer 液，盖上盖玻片，显微镜观察，在高倍镜下，可见表皮细胞中央被中央大液泡所占据，细胞核被挤到一边，线粒体被染成蓝绿色，呈颗粒状或线条状。

（2）动物细胞线粒体的活体染色

用牙签宽头在口腔颊部黏膜处稍用力刮取上皮细胞，放入载玻片上，滴 2 滴 1/5 000 詹纳斯绿 B 染液，染色 10～15 min，盖上盖玻片，用吸水纸吸去四周溢出的染液，置显微镜下观察。在高倍镜下，可见扁平状上皮细胞的核周围胞质中分布着一些被染成蓝绿色的颗粒状或短棒状的结构，即线粒体。

五、实验注意事项

1. 詹姆斯绿 B 溶液现用现配，以保持它的充分氧化能力。

2. 实验中速度要快,以免蛙组织细胞死亡。

六、作业

1. 绘制口腔上皮细胞线粒体形态示意图。
2. 绘制洋葱鳞茎细胞液泡形态示意图。

实验三十   细胞的减数分裂

一、实验目的

1. 了解动、植物生殖细胞的形成过程。
2. 掌握减数分裂标本的制备方法。
3. 识别减数分裂不同时期染色体的形态、位置和数目,加深对减数分裂意义的理解。

二、实验原理

    细胞的生长与增殖是生命的重要特征,是生物繁育的基础,每个生物体通过细胞分裂才能达到生长与繁育的目的。细胞通过分裂将遗传物质均匀地分配到两个子细胞中,保证了细胞遗传物质的稳定,细胞分裂有三种方式:无丝分裂、有丝分裂和减数分裂。

    减数分裂是一种特殊方式的细胞分裂,仅在配子形成过程中发生。这一过程的特点是:此过程要经过两次连续的细胞分裂:减数第一次分裂和减数第二次分裂。连续进行两次核分裂,而染色体只复制一次,结果形成四个核,每个核只含单倍数的染色体,即染色体数减少一半,所以称作减数分裂。精卵细胞经过受精结合成为受精卵发育为新的个体,这样又恢复了原有染色体的数目。在减数分裂过程中,细胞中的染色体形态、位置和数目都在不断地发生变化,因而可据此识别减数分裂的各个时期。另外一个特点是前期特别长,而且变化复杂,包括同源染色体的配对、交换与分离等。

三、实验器材与试剂

    1. 仪器、用具:显微镜、载玻片、盖玻片、小镊子、剪刀、解剖针、大培养皿、酒精灯、吸水纸。

    2. 材料:蝗虫精巢、玉米花药。

    3. 试剂:

    (1) 1 mol/L HCl。

    (2) 卡诺氏(Carnoy)固定液(甲醇∶冰醋酸=3∶1)。

    (3) 改良苯酚品红染色液

原液 A:称取 3 g 碱性品红,溶于 100 mL 70%乙醇中,此液可于 4℃冰箱长期保存。

原液 B:取 A 液 10 mL,加入 90 mL 5%苯酚水溶液中(2 周内使用)。

原液 C:取 B 液 55 mL,加入 6 mL 的冰醋酸和 6 mL 38%的甲醛(可长期保存)。

染色液:取 C 液 10 mL,加入 90 mL 45%醋酸和 1.5 g 山梨醇,放置 2 周后使用,染色效果显著。

四、实验步骤

1. 蝗虫精母细胞减数分裂的观察

（1）取材

以夏秋两季采集为宜，这时蝗虫精母细胞正处于减数分裂旺期。雌雄个体便于区分，一般雌性个体较大，腹部末端分叉，雄性个体较小，腹部末端似船尾，为交配器。

（2）固定

将捉取或购回的雄性蝗虫腹部剖开，取出精巢，用 Carnoy 固定液固定 12 小时，然后用 95％乙醇和 85％乙醇各浸泡 0.5 小时，最后置于 70％乙醇中，4℃冰箱中保存。

（3）染色

将已固定好的雄性蝗虫取出，放在培养皿中，剪去翅膀，在其翅的基部后方，相当于腹部前端的背侧，细心剪开体壁，可见上方两侧各有一团黄色组织块即精巢。用小镊子夹取一小段管状精巢，置于载玻片上，用解剖针将其截成数小段，加一滴改良苯酚品红染液，染色 5～10 min。

（4）压片

将盖玻片放在染色的材料上，在酒精灯上轻轻掠过，微微加热，上覆吸水纸，用大拇指隔着吸水纸将材料适当用力压散，使细胞和染色体散开，成为单层细胞。

（5）镜检

将制成的玻片标本放在显微镜下观察，先用低倍镜依次找到减数第一次分裂中期、后期和减数第二次分裂中期、后期的细胞，再在高倍镜下仔细观察染色体的形态、位置和数目。

2. 玉米花粉母细胞减数分裂的观察

（1）取材

在雌穗未抽出前 7～10 天，而雄花穗即将抽出（手摸植株上部喇叭口处有松软感觉）时，以上午 9:00～11:00 取样为好，此时减数分裂较旺盛。

（2）固定

剥去雄穗外部叶片，露出幼穗，新鲜幼穗可直接压片观察，也可用 Carnoy 固定液固定 12 小时，然后用 95％乙醇和 85％乙醇各浸泡 0.5 小时，最后置于 70％乙醇中，4℃冰箱中保存。

（3）染色、制片

取适当大小颖花各一朵，置于载玻片上，将外颖剥开，将花药剔出，加一滴改良苯酚品红染液染色 5～10 min，边染色边用镊子轻轻捣碎花药，挤出花药中的花粉母细胞，最后用镊子除去残渣，盖上盖玻片，用吸水纸吸去四周多余的染液。

（4）镜检

将制成的玻片标本放在显微镜下观察，先用低倍镜依次找到减数第一次分裂中期、后期和减数第二次分裂中期、后期的细胞,再在高倍镜下仔细观察染色体的形态、位置和数目。

五、实验注意事项

1. 选择蝗虫作实验材料的理由:蝗虫染色体数目较少,染色体较大,易于观察。在同一染色体玻片标本上可以观察到减数分裂的各个时期,还可以观察精子的形成过程。

2. 雄蝗虫精原细胞内含有 23 条染色体,雌蝗虫细胞内含有 24 条染色体;其中常染色体 11 对,22 条,雌雄相同;性染色体在雄性中为一条,即为 XO,雌性中为两条,即为 XX。

3. 实验过程中,我们观察到的是不同细胞所处的不同细胞分裂时期,是静态的图像,由于细胞已经在制作装片时被杀死,我们不可能看到减数分裂的动态过程。

4. 实验成功的关键是掌握镜下区别两次分裂时期细胞的方法。

六、作业

绘制减数分裂的双线期、终变期、中期Ⅰ、后期Ⅰ、中期Ⅱ、后期Ⅱ的染色体变化简图。

实验三十一　动物骨髓细胞染色体标本的制备

一、实验目的

1. 掌握小鼠骨髓细胞染色体标本的制备技术。
2. 计数并观察小鼠骨髓细胞染色体的数目以及形态特征。

二、实验原理

骨髓细胞是具有旺盛分裂能力的细胞,具有丰富的细胞质和高度分裂能力,无需体外培养就可以直接得到分裂细胞,可观察到处于分裂中期的染色体,能对一种动物染色体的形态特征、数目进行准确的观察和分析。小鼠骨髓细胞具有高度的分裂能力,是制作骨髓细胞染色体标本的理想材料,是研究动物细胞遗传学的好材料。小鼠骨髓细胞经秋水仙素或秋水酰胺处理后,分裂的骨髓细胞被阻断在有丝分裂中期,通过前处理、离心、低渗、固定、制片、染色等步骤,可制得染色体标本,能够观察到许多处于分裂中期的染色体,可以进行染色体组型分析。骨髓细胞染色体标本的制备,具有取材容易、方法简单易行等优点,设备也简单,在一般的实验室内均可进行。

三、实验器材与试剂

1. 仪器、用具:显微镜、天平、离心机、温箱、解剖盘、解剖剪、注射器、刀片、试管架、10 mL 离心管、吸管、烧杯、量筒、酒精灯、冰冻载玻片、玻璃板、吸水纸、擦镜纸等。

2. 材料:小鼠。

3. 试剂:

(1) 卡诺氏(Carnoy)固定液(甲醇:冰醋酸=3:1)。

(2) 0.1%秋水仙素溶液:称取 10 mg 秋水仙素,加入 10 mL 0.65%生理盐水(1 mL 含有 1 000 μg,0.1 mL 含有 100 μg 秋水仙素)。

(3) 生理盐水。

(4) 1/15 mol/L 磷酸缓冲液(pH 7.4)。

A 液:1/15 mol/L 磷酸氢二钠:1 000 mL 含 Na_2HPO_4 9.465 g 或 $Na_2HPO_4 \cdot 2H_2O$ 11.876 g 或 $Na_2HPO_4 \cdot 12H_2O$ 23.88 g。

B 液:1/15 mol/L 磷酸二氢钾:1 000 mL 含 KH_2PO_4 9.07 g。

取 A 液 80 mL+B 液 20 mL 混匀即成 pH 7.4。

(5) 吉姆萨染液(Giemsa)。

四、实验步骤

1. 秋水仙素处理:在实验前 3~4 小时,按小鼠每克体重 2~4 μg 的剂量,对小鼠腹腔注射秋水仙素。

2. 取股骨:处死小鼠后,立即取出股骨,用刀片剔掉肌肉。

3. 收集骨髓细胞:用刀片切开股骨的两端,用盛有生理盐水的注射器插入股骨的上端,抽出骨髓细胞至离心管中,直至股骨变白色。将收集的骨髓细胞以 1 000 r/min 离心 10 min。

4. 低渗处理:离心完毕,弃上清液,加入 6 mL 蒸馏水,用吸管轻轻吹打骨髓细胞成悬浮液,置 37℃温箱中低渗处理 20 min。

5. 预固定:加入 5 滴新配的 Carnoy 固定液,立即打匀,并以 1 000 r/min 离心 10 min 后,弃上清液。

6. 固定:沿管壁慢慢加入 6 mL Carnoy 固定液,立即用吸管吹打成细胞悬液,室温下固定 20 min。1 000 r/min 离心 10 min 后弃上清液。

7. 重复步骤 6 的操作。

8. 沉淀物中加入 0.3~0.5 mL Carnoy 固定液,用吸管吹打成细胞悬液。

9. 滴片:用镊子取预先冰冻的干净载玻片,迅速滴上 2~3 滴细胞悬浮液,立即向同一方向吹气,使细胞分散均匀,然后置酒精灯上微微加热干燥。

10. 染色:将晾干的玻片放在洁净的玻板上,用 Giemsa 染液[Giemsa 原液用 10 倍体积的 1/15 mol/L 磷酸缓冲液(pH 7.4)稀释]染色 30 min,自来水冲洗,空气干燥。

11. 镜检:在低倍镜下找到处于分裂中期的细胞,转用高倍镜,选择染色体分散适度、长度适中的中期细胞进行观察。

五、实验注意事项

1. 掌握好秋水仙素的浓度和处理时间,浓度过高,处理时间过长,都会使染色体过分收缩,不利于形态观察。

2. 控制好离心的转速,一般以 1 000 r/min 为宜,转速过大,会造成细胞结块,不利于染色体伸展;转速过小,细胞不能充分沉淀,会造成细胞分裂相丢失。

3. 低渗处理是实验成败的关键,其目的是使细胞体积胀大,染色体松散。低渗处理时间过长,会造成细胞破裂,染色体丢失,不能准确计数。低渗处理时间不足,则细胞内染色体聚集一起,不能很好伸展开来,观察时无法区别和计数。

4. Carnoy 固定液要现配现用,固定要充分。

5. 载玻片要洁净、无油脂和预先冰冻,滴片要有一定的高度,以利于细胞和染色体充分分散。

六、作业

绘制并比较植物材料和动物材料在制备染色体标本过程中的区别。

实验三十二 细胞核与线粒体的分级分离

一、实验目的

1. 了解差速离心法分离细胞核与线粒体的原理。
2. 掌握差速离心法分离动物与植物细胞的细胞核与线粒体的方法原理。
3. 熟悉高速离心机的使用方法。

二、实验原理

细胞核是细胞重要的细胞器,遗传物质主要存在于细胞核中,在细胞的代谢、生长、分化中起着重要作用。线粒体是真核细胞所特有的进行能量转换的细胞器,是细胞进行有氧呼吸的主要场所。细胞中的能源物质糖、脂肪、部分氨基酸在线粒体进行最终的氧化,生成 ATP,供细胞生理活动能量需要。对细胞核和线粒体结构与功能的研究通常是离体进行的,因而分离细胞核和线粒体是必需的。

细胞内各亚组分的比重和大小都不同,在同一离心场内的沉降速度也不相同,因此常用不同转速的离心法,将细胞内各种组分分级分离出来。常用的离心方法有差速离心法和密度梯度离心法。分离细胞器最常用的方法通常是先用研磨、超声振荡、低渗等方法将组织或细胞破碎,将组织制成匀浆,在均匀的悬浮介质中用差速离心法进行分离,差速离心主要是采取逐渐提高离心速度的方法分离不同大小的细胞器。其过程包括组织细胞匀浆、分级分离和分析三步。低温条件下,整个操作过程应注意使样品保持4℃,将组织放在匀浆器中,加入等渗匀浆介质(0.25 mol/L 蔗糖)破碎细胞,使之成为各种细胞器及其包含物的匀浆。分级分离,采用从低速到高速离心逐级沉降,使较大的颗粒先在较低转速中沉淀,再用较高的转速将浮在上清液中的颗粒沉淀下来。细胞器中最先沉淀的是细胞核,其次是线粒体,其他更轻的细胞器和大分子可依次再分离。但由于样品中各种大小和密度不同的颗粒在离心时是均匀分布于整个离心介质中的,所以每级离心得到的第一次沉淀必然不是纯的最重的颗粒,须经反复悬浮和离心加以纯化。常用的悬浮介质是蔗糖缓冲溶液,属于等渗溶液,比较接近细胞质的分散相,在一定程度上能保持细胞器的结构和酶的活性。线粒体的鉴定用詹纳斯绿 B(Janus green B)活染法。詹纳斯绿 B 是对线粒体专一的活细胞染料,毒性很小,线粒体的细胞色素氧化酶使该染料保持在氧化状态呈现蓝绿色从而使线粒体显色,而胞质中染料被还原成无色。

三、实验器材与试剂

1. 仪器、用具：显微镜、高速冷冻离心机、天平、解剖刀剪、滤纸、小烧杯、漏斗、纱布、玻璃匀浆器、瓷研钵、载玻片、盖玻片、微量离心管、记号笔、擦镜纸。

2. 材料：新鲜猪肝、高粱黄化幼苗。

3. 试剂：

(1) 0.9%生理盐水。

(2) 0.02%詹纳斯绿B染液（用生理盐水配制）。

(3) 0.25 mol/L 蔗糖＋0.01 mol/L Tris‐HCl 缓冲液(pH 7.4)：0.1 mol/L 三羟甲基氨甲烷 10 mL，0.1 mol/L 盐酸 8.4 mL，加去离子水到 100 mL，加蔗糖到 0.25 mol/L。

(4) 0.34 mol/L 蔗糖＋0.01 mol/L Tris‐HCl 缓冲液(pH 7.4)。

(5) 固定液：甲醇：冰醋酸(9：1)。

(6) 吉姆萨染液(Giemsa)：吉姆色素染料 0.5 g，甘油 33 mL，纯甲醇 33 mL。先往 Giemsa 粉中加入少量甘油在研钵内研磨至无颗粒，再将剩余甘油倒入混匀，56℃左右保温 2 小时令其充分溶解，最后加甲醇混匀，成为吉姆萨原液，保存于棕色瓶。用时吸出用 0.067 mol/L 磷酸盐缓冲液 10~20 倍稀释[0.067 mol/L 磷酸盐缓冲液（pH 6.8）：0.067 mol/L KH_2PO_4 50 mL；0.067 mol/L Na_2HPO_4 50 mL]。

(7) 1%甲苯胺蓝溶液。

4. 材料：植物细胞

(1) 分离介质：0.25 mol/L 蔗糖、50 mmol/L 的 Tris‐HCl 缓冲液(pH 7.4)、3 mmol/L 乙二胺四乙酸(EDTA)、0.75 mg/mL 牛血清白蛋白(BSA)。

50 mmol/L 的 Tris‐HCl(pH 7.4)配法：50 mL 0.1 mol/L 三羟甲基氨基甲烷(Tris) 溶液与 42 mL 0.1 mol/L 盐酸混匀后，加去离子水稀释至 100 mL。

(2) 保存液：0.3 mol/L 甘露醇(pH 7.4)。

(3) 20%次氯酸钠(NaClO)溶液。

(4) 1%詹纳斯绿B染液，用生理盐水配制。

四、实验步骤

(一) 猪肝细胞细胞核与线粒体分离

1. 细胞核的分离提取

(1) 制备猪肝细胞匀浆

称取肝组织 2 g，剪碎，用预冷到 0~4℃ 的 0.25 mol/L 缓冲蔗糖溶液洗涤数次，然后在 0~4℃ 条件下，按每克肝组织加 9 mL 预冷的 0.25 mol/L 缓冲蔗糖溶液将肝组织匀浆化，蔗糖溶液应分数次添加，匀浆用 3 层尼龙织物过滤备用。

注意：要求充分剪碎肝组织，缩短匀浆时间，整个分离过程不宜过长且保持冰浴状态，以保持组分生理活性。

（2）差速离心

① 先将 0.5 mL 0.34 mol/L 缓冲蔗糖溶液放入离心管，然后沿管壁小心地加入 0.5 mL 肝匀浆使其覆盖于上层。4℃用冷冻高速离心机 700 g 离心 10 min，得到沉淀 A1 和上清液 B1。

② 用 1 mL 预冷的 0.25 mol/L 缓冲蔗糖溶液将 A1 重新悬浮，1 000 r/min 离心 15 min，得到沉淀 A2 和上清液 B2。

③ 用 1 mL 预冷的 0.25 mol/L 缓冲蔗糖溶液将 A2 重新悬浮，1 000 r/min 离心 15 min，得到沉淀 A3 和上清液 B3。

（3）细胞核的鉴定

① 将 A3 以少量 0.25 mol/L 缓冲蔗糖溶液重新悬浮，制备细胞核悬液，滴一滴于载玻片上，涂片，自然干燥。用 1%甲苯胺蓝溶液染色，在光镜下观察，细胞核呈深蓝色。

② 同样得到细胞核涂片，自然晾干，用甲醇-冰醋酸液固定 15 min，充分吹干，滴吉姆萨染液染色 10 min。蒸馏水冲洗，吹干，镜检。结果：细胞核为紫红色，上面附着的少量胞质为浅蓝色碎片。

2. 分离提取线粒体

（1）差速离心

① 将 B1、B2、B3 合并，10 000 r/min 离心 10 min，弃上清液 B4，收集沉淀 A4。

② 用 1 mL 预冷 0.25 moL/L 缓冲蔗糖溶液将 A4 重新悬浮，10 000 r/min 离心 15 min，弃上清液 B5，将沉淀再用 1 mL 预冷的 0.25 mol/L 缓冲蔗糖溶液将 A4 重新悬浮，10 000 r/min 离心 15 min，弃上清液，收集沉淀 A5。用少量 0.25 mol/L 缓冲蔗糖溶液将 A5 重新悬浮。

（2）线粒体的鉴定

取 B1～B5 各阶段的上清液和 A5 沉淀悬液，分别滴一滴于载玻片上，涂片，不待干即滴加 0.02%詹纳斯绿 B 染液，染色 20 min，镜检（为了有利于线粒体的有氧呼吸，可以不加盖玻片）。线粒体染成蓝绿色，呈小棒状或哑铃状。比较 B1～B5 各阶段的上清液和 A5 沉淀悬液染色后的差异。

（二）高粱线粒体的分离

1. 高粱种子用 20%次氯酸钠溶液浸泡 10 min 消毒，清水冲洗 30 min，再浸泡清水 15 小时。将种子平铺在放有湿纱布的盘内，保持湿度，置温箱 28℃于暗处培育 2～3 天。待芽长到 1～2 cm 长时剪下约 15 g，置于 0～4℃环境，保持 1 小时。

2. 加 3 倍体积分离介质，在瓷研钵内快速研磨成匀浆。

3. 用多层纱布过滤，滤液经离心 10 min。除去核和杂质沉淀。

4. 取上清液 10 000 r/min 离心 10 min，沉淀为线粒体。再同上离心洗涤一次。

5. 沉淀为线粒体，可存于 0.3 mol/L 甘露醇中。注意以上匀浆化及离心均控制在 0～

4℃进行。

6. 参照上面方法进行细胞核的鉴定。

7. 线粒体的观察：取线粒体沉淀涂在清洁的载玻片上，不待干立即滴加 1%詹纳斯 B 染色 20 min，放上盖玻片，用显微镜观察，线粒体是蓝绿色圆形颗粒。

五、实验注意事项

1. 离心管放入离心转头时必须对称，对称放置的两个（或三个）离心管本身及其中所装液体的重量要相等。

2. 操作国产小型台式高速离心机时，先将离心机速度档打到最低（逆时针旋转），调好时间后，再将速度缓慢调到所需的值。当离心时间到后，先将速度档打到最低，等转子完全停下后方可将离心机盖子打开，取出离心管。如转子没有停下而打开盖子，会损坏机器。

3. 离心机运转时如发生异常情况，如声音异常、机器剧烈震动，要立即关闭电源，以免机器损坏和伤及身体。

4. 线粒体样本制备好后应尽快染色，不要放置过久，以避免线粒体活性丧失。

5. 吸取上清液时应将离心管略微倾斜，按下移液枪按钮（不要按到底），后将枪头轻靠在管壁上，缓慢吸出液体，注意不要使液体混浊，否则得重新离心。

六、作业

1. 描绘在显微镜下观察到的细胞核与线粒体样本。

2. 如从植物中分离叶绿体，应如何操作？与分离线粒体有何不同？

实验三十三　细胞的显微测量

一、实验目的

1. 掌握显微测微尺的基本原理及使用方法。
2. 学会使用显微测微尺,掌握显微测量细胞的方法。

二、实验原理

细胞是生物体结构功能的基本单位,其形态与功能相适应。不同类型的细胞具有不同的大小、形态和结构以适应其功能,通过制作临时装片,可以观察很多细胞的结构,并借助测微尺测量细胞直径。

测微尺分目镜测微尺和镜台测微尺,两尺配合使用。目镜测微尺是一个放在目镜像平面上的玻璃圆片。圆片中央刻有一条直线,此线被分为若干格,每格代表的长度随不同物镜的放大倍数而异,因此用前必须测定。镜台测微尺是在一个载片中央封固的尺,长1 mm(1 000 μm),被分为100格,每格长度是10 μm。

三、实验器材与试剂

1. 仪器、用具:显微镜、目镜测微尺、镜台测微尺、解剖剪、镊子、注射器、载玻片、盖玻片、微量离心管、试管、采血针、记号笔、擦镜纸、胶头滴管、吸水纸。
2. 材料:鸡血细胞、血涂片。
3. 试剂:0.9%生理盐水、瑞氏染色液。

四、实验步骤

1. 制片

(1) 制备人血涂片:用采血针刺取耳垂穴,制成血涂片,晾干后瑞氏染色。

(2) 制备鸡血涂片:用注射器取鸡血,用生理盐水稀释后制成细胞悬液,制成装片。

2. 长度测量

(1) 取下目镜,将目镜测微尺的刻度面向下放入目镜内的视场光阑上,再旋上透镜。

(2) 将镜台测微尺放在显微镜的载物台上夹好,盖片面朝上放在载物台上,用低倍镜观察,调节焦距看清镜台测微尺的刻度。小心转动目镜测微尺和移动镜台测微尺,使两尺平行靠近,并将两尺的"0"点刻度线或某刻度尺对齐。然后从左向右查看两尺刻度线另一重合处,分别记录重合线间目镜测微尺和镜台测微尺的格数。

3. 按下式求出目镜测微尺每格代表的长度

$$目镜测微尺每小格实长度 = \frac{镜台测微尺格数 \times 10\ \mu m}{目镜测微尺格数}$$

4. 测量细胞长度

从显微镜载物台上取下镜台测微尺,换上血涂片,用目镜测微尺测量细胞所占小格数并乘以目镜测微尺每小格代表的实际长度,即为被测细胞的实际长度。

五、实验注意事项

1. 如果需换用高倍镜或油镜测量时,要用同样的方法重新计算高倍镜或油镜下目镜测微尺每小格的实际长度。

2. 载物台上物镜测微尺刻度是用加拿大树胶和圆形盖玻片封合的。当除去松柏油时,不宜使用过多的二甲苯,以避免盖玻片下的树胶溶解。

3. 取出目镜测微尺,将目镜放回镜筒,用擦镜纸擦去目镜测微尺上的油渍和手印。

六、作业

1. 分别求不同物镜放大倍数下目镜测微尺每格代表的长度。
2. 测量 10 个红细胞的长度,求其平均值。

实验三十四 实验小鼠饲养与基本实验操作

一、实验目的

1. 通过实际操作,掌握小鼠的一般饲养方法。

2. 掌握小鼠的一般操作方法,包括小鼠的抓取和固定、性别鉴定、给药、采血。

二、实验原理

实验动物是指经人工饲养,对其携带微生物实行控制,遗传背景明确,来源清楚,可用于科学实验的动物。一般选择代谢、功能、结构及疾病性质与人类相似的动物。小鼠,体型较小,性情温顺,便于操作、观察和饲养管理,饲料消耗量少,需要的饲养空间也较小,对外来刺激、多种毒素和病原体均很敏感,可以用于各种药物的毒性试验、微生物、寄生虫的研究。小鼠对环境变化敏感,自动调节体温的能力较差,小鼠的饲养环境温度应保持在 20~26℃,相对湿度为 40%~70%,过冷、过热都易诱发疾病。一般饲养盒内温度比环境高 1~2℃,湿度高 5%~10%。要保持温度、湿度相对稳定,日温差不超过 3℃,否则会直接影响小鼠的生长发育、生产繁殖甚至导致小鼠发生疾病,从而影响实验结果。

三、实验器材与试剂

1. 仪器、用具:灌胃器、注射器、棉球、小鼠固定器。

2. 材料:小鼠 4 只(2 雌 2 雄)。

3. 试剂:0.9%生理盐水、酒精。

四、实验步骤

1. 小鼠饲养

小鼠的饲养管理非常繁琐,应该建立合理的动物房,小鼠应饲养于屏障环境或隔离环境。饲养人员要具有高度的责任心,随时检查小鼠状况,为了使饲养工作有条不紊,必须将各项操作统筹安排,建立固定的操作程序,使饲养人员不会遗漏某项操作,同时也便于管理人员随时检查。

另外,还应保持充足的饮用水,小鼠的饮水须经灭菌处理。每周添料、换水 3~4 次,应时常检查水瓶瓶塞是否漏水。

（1）饲喂

小鼠应饲喂全价营养饲料，并保持饲料相对稳定，饲料要定期消毒。小鼠胃容量小，随时采食。应每周添料 3～4 次，在鼠笼的料斗内应经常有足够量的新鲜干燥饲料，在小鼠大群饲养中，每周应固定两天添加饲料，其他时间可根据情况随时注意添加。

（2）给水

饮水瓶每周换水 2～3 次，保证饮水的连续不断。时常检查水瓶瓶塞是否漏水，防止瓶塞漏水造成动物溺死或饮水管堵塞使小鼠脱水死亡。吸水过程中，小鼠口内的食物颗粒和唾液都有可能倒流入水瓶。为避免微生物污染，水瓶和吸水管要定期清洗消毒，严禁未经消毒的水瓶继续使用。

（3）清洁卫生和消毒

每周应更换垫料 2 次，换垫料时将饲养盒一起拿去，在专门的房间换垫料，可以防止室内的灰尘和污染。动物垫料在使用前应经高压消毒灭菌。要保持室内外整洁，门窗、墙壁、地面等无尘。坚持每月消毒和每季度大消毒一次。每月用 0.1％新洁尔灭喷雾空气消毒一次，室外用来苏尔消毒，每季度用过氧乙酸喷雾消毒鼠舍一次。笼具、食具和鼠舍内其他用具至少每月彻底消毒一次。

2. 小鼠的基本实验操作

（1）抓取和固定

左手抓取小鼠的尾根部，让小鼠在粗糙平面上爬行，后拉尾根部，右手的拇指和食指抓住小鼠两耳及其间的颈部皮肤，小指和无名指将尾巴固定在手掌面。

（2）性别鉴定

观察肛门与生殖器间的距离和二者之间的毛发。雄性距离长，毛发密（和其他部位一样）；雌性距离短，毛发稀疏。

（3）给药

灌胃法，左手抓取和固定小鼠，使腹部朝上，颈部拉直。右手持接灌胃针的注射器吸取药液（或事先将药液吸好），将针头从口角插入口腔内，然后用灌胃针头压其头部，使口腔与食管成一直线，再将灌胃针头沿上腭壁轻轻进入，转动针头刺激动物吞咽，然后沿咽喉壁慢慢插入食道。当感觉有落空感时表明灌胃针可能进入胃内，向外抽动注射器活塞，感觉有负压，此时可将药液灌入。

皮下注射，用左手拇指和食指轻轻提起动物颈后肩胛间皮肤，右手持注射器，使针头水平刺入皮下，针头能自由拨动无牵阻，推送药液时注射部位隆起。拨针时，以手指捏住针刺部位。

腹腔注射，以左手固定小鼠，使腹部向上，右手持注射器从下腹两侧向头方刺入皮下，针头稍向前，再将注射器沿 45°角斜向穿过腹肌进入腹腔，此时有落空感，回抽无回血或尿液，即可注入药液。

尾静脉注射，先将动物固定在暴露尾部的固定器内，用 75％酒精棉球反复擦拭尾部使血管扩张，以左手拇指和食指捏住鼠尾两侧，用中指从下面托起鼠，右手持注射器，使针头尽量采取与尾部平行的角度进针,从尾末端处刺入。注入药液,无阻力,表示针头已进入静脉,注射后把尾部向注射侧弯曲,或拔针后随即以干棉球按住注射部位以止血。

(4)取血

左手固定小鼠,食指和拇指轻轻压迫颈部两侧,使眶后动静脉充血。右手持毛细采血管,以45°从内眼刺入,并向下旋转,感觉刺入血管后,再向外边退边吸,使血液顺承血管自由流入小管中,当得到0.5 mL血量后,放松加于颈部的压力,并拔出采血器,以防穿刺孔出血。

五、实验注意事项

1. 新引进的动物必须在隔离室进行检疫,观察无病时才能与原鼠群一起饲养。

2. 饲养人员出入饲养区必须遵守饲养管理守则,按不同的饲养区要求进行淋浴、更衣、洗手以及必要的局部消毒。

六、作业

1. 谈一下小鼠尾静脉注射感受。

2. 对实验动物采血时应注意的事项。

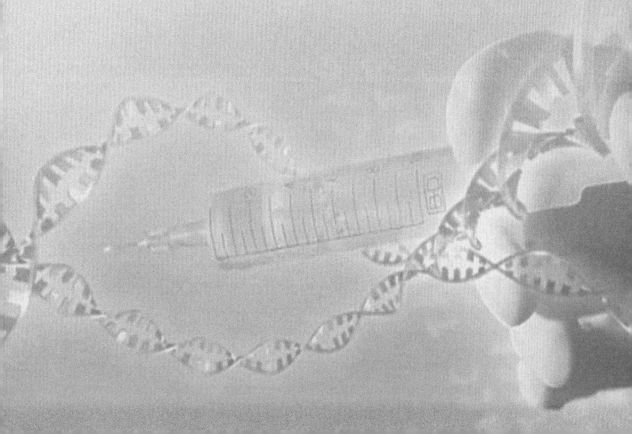

第五章

微生物学实验

实验三十五　微生物实验室标准化操作规程及无菌操作技术

一、实验目的

1. 学习掌握微生物实验室操作标准化规程。
2. 掌握从固体培养物和液体培养物中转接微生物的无菌操作技术。
3. 体会无菌操作的重要性。

二、实验原理

微生物实验室工作人员必须有严格的无菌观念,许多实验要求在无菌条件下进行,主要原因:一是防止实验操作中人为污染样品,二是保证工作人员安全,防止检出的致病菌由于操作不当造成个人污染。高温对微生物具有致死效应,因此微生物的转接过程一般在火焰旁进行,并用火焰直接灼烧接种环,以达到灭菌的目的,但一定要保证其冷却后方可进行转接,以免烫死微生物。如果是转接液体培养物,则用预先已灭菌的玻璃吸管,如果只取少量而且无须定量也可用接种环。

三、实验器材与试剂

1. 仪器、用具:恒温培养箱、无菌操作台、接种环、酒精灯、试管架、记号笔、棉球、灭菌的玻璃吸管、灭菌试管、灭菌三角烧瓶。
2. 材料:大肠杆菌营养琼脂斜面和液体培养物。
3. 试剂:肉汤营养琼脂斜面培养基、肉汤营养液体培养基。

四、实验步骤

(一) 微生物实验室标准化操作规程

1. 微生物实验室应设有无菌操作间和缓冲间,无菌操作间室内温度保持在 20～24℃,湿度保持在 45%～60%,超净台洁净度应达到 100 级。
2. 微生物实验室应保持清洁,严禁存放与工作无关的杂物,以防污染。
3. 严防一切灭菌器材和培养基污染,已污染者应停止使用。
4. 微生物实验室应备有工作浓度的消毒液(75% 的酒精)。
5. 微生物实验室应定期用适宜的消毒液灭菌清洁,以保证微生物实验室的洁净度符合要求。

6. 需要带入微生物实验室使用的仪器、器械、平皿等一切物品,均应包扎严密,并应经过适宜的方法灭菌。

7. 工作人员进入微生物实验室前,必须用肥皂或消毒液洗手消毒,然后在缓冲间更换专用工作服、鞋、帽子、口罩和手套,再次擦拭双手(75%的酒精),方可进入微生物实验室进行操作,一次性手套必须先消毒后丢弃。

8. 微生物实验室使用前必须打开微生物实验室的紫外灯辐照灭菌 30 min 以上,并且同时打开超净台进行吹风。操作完毕,应及时清理微生物实验室,再用紫外灯辐照灭菌 30 min。

9. 供试品在检查前,应保持外包装完整,不得开启,以防污染。检查前,用 75%的酒精棉球消毒外表面。

10. 吸取菌液时,必须用吸耳球吸取,切勿直接用口接触吸管,每次操作过程中,均应做空白对照,以检查无菌操作的可靠性。

11. 接种针每次使用前后,必须通过火焰灼烧灭菌,待冷却后方可接种培养物。

12. 如有菌液洒在桌上或地上,应立即用 75%酒精溶液覆在被污染处至少 30 min,再做处理。工作完毕后必须脱下工作服,不得穿工作服离开实验室。可再次使用的工作服必须先高压蒸汽灭菌后清洗。

13. 凡带有活菌的物品,如带有菌液的吸管、试管、培养皿,需在高压蒸汽灭菌锅 121℃灭菌 20 min 后,才能丢弃或清洗处理,严禁污染。

14. 在实验室需配备消毒剂、眼部清洗剂、生理盐水,且易于取用。

(二) 无菌操作

1. 用接种针转接菌种

(1) 标记:用记号笔分别标记 3 支肉汤营养琼脂斜面为①(接菌)、②(接无菌水)、③(非无菌操作)和 3 支肉汤营养液体培养基为④(接菌)、⑤(接无菌水)、⑥(不接种)。

(2) 左手拿两支试管,一支为已长好的大肠杆菌斜面,另一支为肉汤营养琼脂斜面①管。右手持接种针,通过火焰灼烧灭菌后,同时以右手小指和无名指轻轻拔取两支试管的棉塞,夹持于手指间,将试管口通过火焰数次,在火焰上烧一下,并稍转动,以防止外界的污染。

(3) 在火焰旁,将接种针伸入有菌试管,使接种环接触菌苔取少量菌,取出接种针,立即将管口通过火焰灭菌后将接种针伸入斜面管①内,先从斜面底部到顶端拖一条接种线,再自下而上地蜿蜒涂布,或直接自斜面底部向上蜿蜒涂布。此步注意接种环不可碰试管壁和接种时不要划破培养基。

(4) 烧试管口,塞好棉塞或盖好试管帽,将接种针插到酒精瓶中。

(5) 按上述方法从盛无菌水的试管中取无菌水接种于肉汤营养琼脂斜面②上。

(6) 以非无菌操作作为对照,在无酒精灯的条件下,用未经灭菌的接种针从盛无菌水的试管取无菌水接种于③管中。

2. 用吸管转接菌液

（1）轻轻摇动盛菌液的试管，暂放回试管架上。

（2）从已灭菌的吸管桶中取出一支吸管，将其插入吸气管下端，然后按无菌操作要求，将吸管插入已摇匀的菌液中，吸取 0.5 mL 菌液并迅速转移至④管中。

（3）取下吸气管，将用过的吸管放入废物桶中。

（4）按上述方法，从盛无菌水的试管中取 0.5 mL 无菌水迅速转移至⑤管中。

3. 培养

将标有①②③的三支试管置于 37℃ 静置培养，将标有④⑤⑥的试管置于 37℃ 振荡培养，过夜培养后，观察各管生长情况。

五、实验注意事项

1. 严格遵循无菌操作，牢固树立无菌概念，认真、细心体会无菌操作的细节和要领。
2. 无菌操作要在火焰旁进行，在操作时要小心，防止烫伤。

六、作业

1. 在本实验中除了①管和④管接菌以外，其他各管起什么作用？
2. 为什么接种完毕后，接种环必须灼烧后再放回原处，吸管也必须放进废物桶中？

实验三十六　培养基制备与高压蒸汽灭菌

一、实验目的

1. 学习掌握培养基的配制原理。
2. 掌握实验室常用玻璃器皿的清洗、干燥和包扎方法。
3. 掌握培养基配制的一般方法和步骤。
4. 了解湿热和干热灭菌的原理,并掌握有关的操作技术。

二、实验原理

培养基是人工配制的适合微生物生长繁殖或积累代谢产物的营养基质,用以提供微生物生长发育所需的物质条件。微生物种类繁多,各类微生物对营养的要求不尽相同,因而培养基的种类繁多。不同种类的培养基,一般不外乎碳源、氮源、无机盐、生长因子及水等几大类。培养基的配制,一是要求在营养成分上能满足所培养微生物生长发育的需要,二是培养基在使用前不带菌,三是灭菌后和保存过程中营养成分不发生变化。培养基的灭菌通常在培养基配制后进行,其目的是杀灭培养基中残存的微生物或活的生物残体,保证培养基在贮存过程中不变质,也防止其他生物对培养的污染。

灭菌是指杀灭物体中所有微生物的繁殖体和芽孢的过程。消毒是指用物理、化学或生物的方法杀死病原微生物的过程。灭菌的原理就是使蛋白质和核酸等生物大分子发生变性,从而达到灭菌的作用,实验室中最常用的就是干热灭菌和湿热灭菌。

高压蒸汽灭菌是将待灭菌的物品放在一个密闭的加压灭菌锅内,通过加热,使灭菌锅隔套间的水沸腾而产生蒸汽。待水蒸气急剧地将锅内的冷空气从排气阀中驱尽,然后关闭排气阀,继续加热,此时由于蒸汽不能溢出,而增加了灭菌器内的压力,从而使沸点增高,得到高于100℃的温度,导致菌体蛋白质凝固变性而达到灭菌的目的。在同一温度下,湿热的杀菌效力比干热大。其原因有三:一是湿热中细菌菌体吸收水分,蛋白质较易凝固,因蛋白质含水量增加,所需凝固温度降低;二是湿热的穿透力比干热大;三是湿热的蒸汽有潜热存在。这种潜热,能迅速提高被灭菌物体的温度,从而增加灭菌效力。

培养细菌常用牛肉膏蛋白胨培养基和LB培养基,培养放线菌常用高氏Ⅰ号培养基,培养霉菌常用蔡氏培养基或马铃薯葡萄糖培养基(PDA),培养酵母菌常用麦芽汁培养基或马铃薯葡萄糖培养基(PDA)。根据培养目的不同,可分为固体培养基和液体培养基;此外,还有加富、选择、鉴别等培养基之分。就培养基中的营养物质而言,一般不外乎碳源、氮源、无机盐、生长因子及水等几大类。琼脂(Agar)只是固体培养基的支持物,一般不为微生物所利用。它在高温下熔化成液体，而在 45℃左右开始凝固成固体。在配制培养基时，根据各类微生物的特点，就可以配制出适合不同种类微生物生长发育所需要的培养基。培养基除了满足微生物所必需营养物质外，还要求有一定的酸碱度和渗透压。霉菌和酵母菌的 pH 偏酸；细菌、放线菌的 pH 为微碱性。所以每次配制培养基时，都要将培养基的 pH 调到一定的范围。常用微生物培养基的配方如下。

LB 培养基配方(pH 7.0)：

胰蛋白胨(Tryptone)10.0 g；酵母提取物(Yeast extract)5.0 g；氯化钠(NaCl)10.0 g；琼脂粉(Agar)20.0 g。

摇动容器直至溶质溶解，用 5 mol/L NaOH 调 pH 至 7.0，用去离子水定容至 1 L，在 0.1 MPa 压力下灭菌 20 min。

三、实验器材与试剂

1. 仪器、用具：培养皿、吸管、试管、三角瓶、试管刷、硅胶塞、棉花、报纸、包扎绳、去污粉、洗涤剂、烧杯、量筒、玻璃棒、牛角匙、pH 试纸(pH 5.5～9.0)、记号笔、纱布、天平、电磁炉、微波炉、电炉、石棉网、电热鼓风干燥箱、高压蒸汽灭菌锅。

2. 试剂：胰蛋白胨(Tryptone)、酵母提取物(Yeast extract)、NaCl、琼脂粉、5 mol/L NaOH、1 mol/L HCl、KNO_3、$K_2HPO_4 \cdot 3H_2O$、$MgSO_4 \cdot 7H_2O$、$FeSO_4 \cdot 7H_2O$ 等。

四、实验步骤

1. 洗涤

用试管刷蘸取少量去污粉反复刷洗器皿 2～3 次；用自来水冲洗 2～3 次；用少量去离子水荡洗 1～2 次，控干水分。

2. 器皿包扎

(1) 培养皿：洗净的培养皿烘干后每 5 套(或根据需要而定)叠在一起，用牢固的纸卷成一筒，或装入特制的不锈钢桶中，然后进行灭菌。

(2) 吸管：洗净，烘干后的吸管，在吸口的一头塞入少许脱脂棉花，以防在使用时造成污染。塞入的棉花量要适宜，多余的棉花可用酒精灯火焰烧掉。每支吸管用一条宽 4～5 cm 的纸条，以 30～50 的角度螺旋形卷起来，吸管的尖端在头部，另一端用剩余的纸条打成一结，以防散开，标上容量，若干支吸管包扎成一束进行灭菌，使用时，从吸管中间拧断纸条，抽出吸管。

(3) 试管和三角瓶：试管和三角瓶都需要做合适的棉塞，棉塞可起过滤作用，避免空气中的微生物进入容器。制作棉塞时，要求棉花紧贴玻璃壁，没有皱纹和缝隙，松紧适宜。过紧易挤破管口和不易塞入；过松易掉落和污染。棉塞的长度不小于管口直径的 2 倍，约 2/3 塞进管口。若干支试管用绳扎在一起，在棉花部分外包裹油纸或牛皮纸，再用绳扎紧。三角瓶加棉塞后单个用报纸包扎。

3. 烘干

仪器洗净,放在烘箱内烘干,烘箱温度为 $105\sim110℃$ 烘 1 小时左右。此法适用于一般仪器。对于急于干燥的仪器或不适于放入烘箱的较大仪器可用吹干的办法。通常用少量乙醇、丙酮(或最后再用乙醚)倒入已干燥的仪器中摇洗,然后用电吹风机吹至完全干燥。不急等用的仪器,可在蒸馏水冲洗后在无尘处倒置,然后自然干燥。可用安有木钉的架子或带有透气孔的玻璃柜放置仪器。

4. LB 培养基的配置

(1) 称量

按培养基配方比例依次准确地称取胰蛋白胨(10 g),酵母提取物(5 g),氯化钠(10 g)放入烧杯中。蛋白胨很易吸湿,在称取时动作要迅速。另外,称药品时严防药品混杂,一把牛角匙用于一种药品,或称取一种药品后,洗净,擦干,再称取另一药品。瓶盖也不要盖错。

(2) 溶化

在上述烧杯中加入少量水,用玻棒搅匀,然后在石棉网上加热使其溶解。

将药品完全溶解后,补充水到所需的总体积。配制固体培养基时,将称好的琼脂放入已溶的药品中,再加热溶化,最后补足所损失的水分。

(3) 调节 pH

在调节 pH 前,先用精密 pH 试纸测量培养基的原始 pH,如果偏酸,用滴管向培养基中逐滴加入 1 mol/L NaOH,边加边搅拌,并随时用 pH 试纸测其 pH,直至 pH 达 7.0。反之,用 1 mol/L HCl 进行调节。对于有些要求 pH 较精确的微生物,其 pH 的调节可用酸度计进行。pH 不要调过头,以避免回调而影响培养基内各离子的浓度。

(4) 过滤

趁热用滤纸或多层纱布过滤,以利于某些实验结果的观察。一般无特殊要求的情况下可以省去(本实验无需过滤)。

(5) 分装

按实验要求,可将配制的培养基分装入试管内或三角烧瓶内。

液体分装:分装高度以试管高度的 1/4 左右为宜。分装三角瓶的量则根据需要而定,一般以不超过三角瓶容积的一半为宜,如果是用于振荡培养用,则根据通气量的要求酌情减少;有的液体培养基在灭菌后,需要补加一定量的其他无菌成分,如抗生素等,装量一定要准确。

固体分装:分装试管,其装量不超过管高的 1/5,灭菌后制成斜面。分装三角烧瓶的量以不超过三角烧瓶容积的一半为宜。

半固体分装:试管一般以试管高度的 1/3 为宜,灭菌后垂直待凝。在分装过程中,应注意不要使培养基沾在管(瓶)口上,以免沾污棉塞而引起污染。

(6) 加塞

培养基分装完毕后,在试管口或三角烧瓶口上塞上棉塞(或硅胶塞及试管帽等),棉塞的作用有二：一方面阻止外界微生物进入培养基，防止由此而引起的污染；另一方面保证有良好的通气性能，使培养在里面的微生物能够从外界源源不断地获得新鲜无菌空气。因此棉塞质量的好坏对实验的结果有着很大的影响。一只好的棉塞，外形应像一只蘑菇，大小、松紧都应适当。加塞时的棉塞的总长度的 3/5 应在口内，2/5 在口外。

（7）包扎

加塞后，将全部试管用麻绳捆好，再在棉塞外包一层牛皮纸，以防止灭菌时冷凝水润湿棉塞，其外再用一道麻绳扎好。用记号笔注明培养基名称、组别、配制日期。三角烧瓶加塞后，外包牛皮纸，用麻绳以活结形式扎好，使用时容易解开，同样用记号笔注明培养基名称、组别、配制日期。

5. 高压蒸汽灭菌

（1）首先将内层锅取出，再向外层锅内加入适量的去离子水，使水面与三角搁架相平为宜。

（2）放回内层锅，并装入待灭菌物品（各种玻璃器皿、培养基等）。注意不要装得太挤，以免妨碍蒸汽流通而影响灭菌效果，三角烧瓶与试管口端均不要与桶壁接触，以免冷凝水淋湿包口的纸而透入棉塞。

（3）加盖，并将盖上的排气软管插入内层锅的排气槽内。再以两两对称的方式同时旋紧相对的两个螺栓，使螺栓松紧一致，勿使漏气。

（4）通电加热，并同时打开排气阀，使水沸腾 5 min，以排除锅内的冷空气。待冷空气完全排尽后，关上排气阀，让锅内的温度随蒸汽压力增加而逐渐上升。当锅内压力升到所得压力时，控制热源，维持压力至所需时间。

（5）灭菌所需时间到后，切断电源，让灭菌锅内温度自然下降，当压力表的压力降至"0"时，打开排气阀，旋松螺栓，打开盖子，取出灭菌物品。

五、实验注意事项

1. 不能用有腐蚀作用的化学试剂，也不能使用比玻璃硬度大的物品来擦拭玻璃器皿；新的玻璃器皿应用 2% 的盐酸溶液浸泡数小时，用水充分洗干净。

2. 强酸、强碱、琼脂等能腐蚀、阻塞管道的物质不能直接倒在洗涤槽内，必须倒在废物缸内。

3. 洗涤后的器皿应达到玻璃壁能被水均匀湿润而无条纹和水珠。

六、作业

1. 在配制培养基的操作过程中应注意些什么问题？为什么？

2. 培养基配好后为什么必须立即灭菌？如何检查灭菌后培养基是否无菌？

实验三十七　细菌革兰氏染色

一、实验目的

1. 通过动手操作,学习并掌握革兰氏染色的原理及方法。

2. 巩固显微镜操作技术及无菌操作技术。

二、实验原理

在生活中,细菌无处不在,不会有单一的菌种存在。革兰氏染色主要用于鉴别细菌、选择药物、研究细菌致病性,革兰氏染色法有着广阔的应用前景。在探明病人病因时了解致病菌种是非常重要的,有若干疾病都是由细菌引起的。革兰氏染色法可把细菌分为革兰氏阳性和革兰氏阴性两种类型,这是由这两种细菌细胞壁结构和组成的差异所决定的,我们可以通过这种方法对菌种加以鉴别。革兰氏阳性菌,细胞壁厚,肽聚糖网状分子层次较多且结构致密,当乙醇脱色时,肽聚糖脱水而孔径缩小,故保留结晶紫-碘复合物在细胞膜上,番红复染后,呈紫色。革兰氏阴性菌,肽聚糖层薄,交联松散,乙醇脱色不能使其结构收缩,其脂含量高,乙醇将脂溶解,缝隙加大,结晶紫-碘复合物溶出细胞壁,番红复染后呈红色。

三、实验器材与试剂

1. 仪器、用具:酒精灯、载玻片、显微镜、香柏油、二甲苯、擦镜纸、接种环、试管架、镊子、载玻片夹子、滤纸、滴管。

2. 材料:大肠杆菌、枯草芽孢杆菌、金黄色葡萄球菌。

3. 试剂:革兰氏染液、草酸铵结晶紫染液、碘液、95％乙醇、番红复染液、水。

四、实验步骤

1. 制片:分别取大肠杆菌、枯草芽孢杆菌、金黄色葡萄球菌按常规方法依次进行涂片、干燥和固定。

2. 初染:滴加草酸铵结晶紫染液覆盖涂菌部位,染色1～2 min后倾去染液,水洗至流出水无色。

3. 媒染:先用卢戈氏碘液冲去残留水迹,再用碘液覆盖1 min,倾去碘液,水洗至流出水无色。

4. 脱色:将玻片上残留水用吸水纸吸去,在白色背景下用滴管流加95％乙醇脱色

30 s,当流出液无色时立即用水洗去乙醇。

　　5.复染:将玻片上残留水用吸水纸吸去,用番红复染液染色 2 min,水洗,吸去残水晾干。

　　6.镜检:向涂片涂菌部位滴加适量香柏油,进行油镜观察。

五、实验注意事项

　　1.要选用活跃生长期的菌种染色,老龄的革兰氏阳性细菌会被染成红色而造成假阴性。

　　2.涂片不宜过厚,以免脱色不完全造成假阳性,脱色是革兰氏染色是否成功的关键,脱色不够造成假阳性,脱色过度造成假阴性。

六、作业

　　1.简述革兰氏染色法原理。
　　2.实验中要特别注意革兰氏染色的注意事项和影响实验成功的关键因素。

实验三十八　酵母菌的形态观察及死活细胞的鉴定

一、实验目的

1. 观察酵母菌的形态及出芽生殖方式。
2. 掌握区分酵母菌死活细胞的实验原理和方法。
3. 掌握酵母菌的一般形态特征及其与细菌的区别。

二、实验原理

酵母菌是单细胞微生物，其大小通常比细菌大。细胞核与细胞质有明显分化，个体直径比细菌大 10 倍左右，多为圆形或椭圆形。大多数酵母菌以出芽的方式进行无性繁殖，有的分裂繁殖；有性繁殖是通过结合产生子囊孢子。本实验通过美蓝染液水浸片来观察酵母菌的形态和出芽生殖方式。美蓝是一种无毒性的染料，它的氧化型呈蓝色，还原型无色。用美蓝染色液制成的水浸片，不仅可以观察酵母菌的外形，还可以区分死活细胞。用美蓝对酵母的活细胞进行染色时，由于活细胞新陈代谢的作用，细胞内具有较强的还原能力，能使美蓝由蓝色的氧化型变为无色的还原型。因此，具有还原能力的酵母细胞是无色的，而死细胞或代谢作用微弱的衰老细胞则呈蓝色或淡蓝色。

三、实验器材与试剂

1. 仪器、用具：显微镜、载玻片、盖玻片、吸水纸、移液器、擦镜纸、接种环等。
2. 材料：培养 48 小时的酵母菌。
3. 试剂：0.05％、0.1％吕氏碱性美蓝。

四、实验步骤

酵母菌形态观察及死活细胞鉴别：

（1）制片：在一个载玻片上分别滴 0.05％、0.1％美蓝染色液各 1 滴，用接种环取酵母菌悬液与染色液混匀，盖上盖玻片，静置 5 min。

（2）镜检：用低倍镜和高倍镜观察细胞形态。根据酵母菌是否染上蓝色区别细胞的死活，高倍镜下观察酵母菌的形态及出芽生殖方式。

（3）计数死活细胞：死细胞为染为蓝色的细胞，活细胞为无色细胞，分别计数，并隔 5～15 min 检测一下死活细胞数，比较其死活细胞的比例变化，注意死活细胞数量是否增加。

五、实验注意事项

1. 染色液不宜过多或过少,否则在盖上盖玻片时,菌液会溢出或出现大量的气泡,影响观察。

2. 盖片时斜着放不易产生气泡。

六、作业

1. 绘图说明酵母菌形态及出芽方式。

2. 美蓝染色液浓度和作用时间的不同,对酵母菌死活细胞数量有何影响?

3. 你认为在显微镜下,细菌、放线菌、酵母菌、霉菌的主要区别是什么?

实验三十九　糖发酵试验

一、实验目的

1. 了解糖发酵的原理和在肠道细菌鉴定中的重要作用。
2. 掌握通过糖发酵鉴别不同微生物的方法。

二、实验原理

糖发酵试验是鉴别微生物的常用生化反应,在肠道细菌的鉴定上尤为重要。不同微生物具有发酵不同糖类的酶系,具有不同的利用各种碳源的能力。绝大多数细菌都能利用糖类作为碳源,但是它们在分解糖类物质的能力上有很大的差异。不同的细菌可根据分解利用糖能力的差异表现出是否产酸产气作为鉴定菌种的依据。有些细菌能分解某种糖产有机酸和气体;有些细菌只产酸不产气。大肠杆菌能使乳糖发酵,产酸产气,也能使葡萄糖发酵,产酸产气;伤寒杆菌不能分解乳糖,只能分解葡萄糖,且只产酸不产气;普通变形杆菌能分解葡萄糖产酸产气,但是不能分解乳糖。

发酵培养基含有蛋白胨、指示剂(溴甲酚紫)、倒置的德汉氏小管和不同的糖类。酸的产生,可利用指示剂来断定,在发酵培养基中加入指示剂,经培养后根据指示剂的颜色变化来判断。当发酵产酸时,可使培养基由紫色变为黄色。气体的产生可由倒置的德汉氏小管中有无气泡来证明。

三、实验器材与试剂

1. 仪器、用具:试管架、接种环等。
2. 材料:大肠杆菌、普通变形杆菌斜面各一支。
3. 试剂:葡萄糖发酵培养基试管和乳糖发酵培养基试管各 3 支(内装有倒置的德汉氏小管)。

四、实验步骤

酵母菌形态观察及死活细胞鉴别:

(1) 用记号笔在各试管外壁上分别标明发酵培养基名称和所接种的细菌菌名。

(2) 取葡萄糖发酵培养基试管 3 支,分别接入大肠杆菌、普通变形杆菌,第三支不接种,作为对照。另取乳糖发酵培养基试管 3 支,同样分别接入大肠杆菌、普通变形杆菌,第三支不接种,作为对照。在接种后,轻缓摇动试管,使其均匀,防止倒置的小管进入气泡。

（3）将接种过和作为对照的 6 支试管均置 37℃培养 24～48 小时。

（4）观察各试管颜色变化及德汉氏小管中有无气泡。

五、实验注意事项

在接种后，要轻缓摇动试管，使其均匀，防止倒置的小管进入气泡，否则会造成假象，得出错误的结果。

六、作业

1. 本实验为何选用大肠杆菌、普通变形杆菌菌株？

2. 假如某些微生物可以有氧代谢葡萄糖，发酵试验会出现什么结果？

实验四十　大肠杆菌生长曲线的制作

一、实验目的

1. 掌握光电比浊法测定细菌数量的方法,细菌生长曲线的测定和绘制。
2. 熟悉大肠杆菌生长曲线的特点及测定原理。
3. 巩固培养基的配制、灭菌、仪器的包扎、倒平板。

二、实验原理

在合适的生长条件下,一定时期的大肠杆菌细胞每 20 min 分裂一次。将少量细菌接种到新鲜培养基中,在适宜的条件下进行培养,细胞会经历延迟期、对数期、稳定期和衰亡期 4 个阶段。定时测定培养液中细菌的数量,以细菌数量的对数或生长速率为纵坐标,培养时间为横坐标,绘制的曲线称为该细菌的生长曲线。不同细菌在相同的培养条件下其生长曲线不同,同样的细菌在不同的培养条件下其生长曲线也不同,反映了单细胞微生物在一定环境条件下于液体培养时所表现出的群体生长规律。

测定微生物的数量有多种不同的方法。本实验采用光电比浊法测定,该方法具有操作简便、可重复性以及准确性等特点。由于细菌悬液的浓度与光密度(OD 值)成正比,因此可利用分光光度计测定菌悬液的光密度来推知菌液的浓度。但是光密度除了受菌体浓度影响之外,还受细胞大小、形态、培养液成分及所采用的光波长等因素的影响。光电比浊法测定细菌浓度时计数波长的选择通常在 400~700 nm。光电比浊法测定并将所测的 OD 值与其对应的培养时间作图,即可绘出该菌在一定条件下的生长曲线。

三、实验器材与试剂

1. 仪器、用具:721 型分光光度计、比色皿、恒温摇床、培养箱、高压蒸汽灭菌锅、电子天平、酒精灯、电炉、接种环、试管架、锥形瓶、无菌吸管、烧杯、乳胶头、报纸、胶塞、玻璃棒等。
2. 材料:大肠杆菌斜面菌种。
3. 试剂:牛肉膏蛋白胨培养基、生理盐水。

四、实验步骤

1. 制备大肠杆菌菌液:取大肠杆菌斜面菌种 1 支,在酒精灯火焰上方操作,用接种环刮取少量菌苔接入牛肉膏蛋白胨培养液中(250 mL/500 mL),静置培养 18 小时。

2. 标记编号:取三角瓶 11 个,分别编号为:空白、0、1、3、5、7、9、11、24、48、72 小时。

3. 接种培养:用 2 mL 无菌吸管分别准确吸取 2 mL 菌液加入三角瓶中,于 37℃ 下 150 r/min 振荡培养。然后分别按对应时间从三角瓶中取出 10 mL 菌液注入试管中,立即 放入冰箱中贮存,待培养结束时测定 OD 值。

4. 生长量测定:将未接种的牛肉膏蛋白胨培养基(空白)倾倒入比色皿中,选用 600 nm 波长处在分光光度计上调节零点,作为空白对照,并对不同时间培养液从 0 小时 起依次进行测定,对浓度大的菌悬液用未接种的牛肉膏蛋白胨液体培养基适当稀释后测 定,使其 OD 值在 0.2~0.8,经稀释后测得的 OD 值要乘以稀释倍数,才是培养液实际的 OD 值。

5. 绘制生长曲线:以培养时间为横坐标,以 OD 值为纵坐标绘制生长曲线。对所得数 据进行生长曲线的绘制,分析实验结果。

五、实验注意事项

1. 比色皿要洁净,测定 OD 值前将待测定的培养液振荡,使细胞分布均匀。

2. 采用光电比浊法测定微生物细胞数量时需将分光光度计指针调"0",调零使用的溶 液应与待测菌液的溶液一致,防止出现误差。

六、作业

1. 本实验用光电比浊法测定 OD 值时,如何选择其波长? 为何要用未接种的 LB 液 体培养基作空白对照?

2. 微生物次生代谢产物的积累在哪个时期? 采用哪些措施可使次生代谢产物积累 更多?

实验四十一　酸奶的制作

一、实验目的

1. 探究发酵酸奶制作所需的条件,掌握酸奶的制作方法、基本原理。
2. 了解发酵剂制备过程中的操作要点。
3. 对最终产品进行感官评定及理化检测,并进行品质比较。

二、实验原理

酸奶是以乳糖为原料,在乳糖酶的作用下,乳糖首先分解为 2 分子单糖,然后加入乳酸菌发酵生成乳酸而制成,具有细腻的凝块和特别芳香风味的乳制品。乳酸发酵受到原料乳质量和处理方式、发酵剂的种类和加入量、发酵温度和时间等多种因素的影响。酸奶可以是原料乳在自然状态下进行发酵,也可以经巴氏杀菌灭菌后,加入乳酸菌发酵而成。现在生产中常采用将原料乳灭菌后加入乳酸菌的方法生产酸奶。发酵过程中,原料乳中的乳糖在乳酸菌的作用下转化成乳酸,随着乳酸的形成,溶液的 pH 降至酪蛋白的等电点,酪蛋白胶粒中的胶体磷酸钙转变成可溶性磷酸钙,从而使酪蛋白胶粒的稳定性下降,并在 pH 4.6～4.7 时,酪蛋白聚集沉降,凝固成半固体状态的凝胶体物质,形成酸奶。

三、实验器材与试剂

1. 仪器、用具:混料罐或不锈钢锅、水浴锅、培养箱、台秤、天平、玻璃瓶。
2. 试剂:脱脂乳粉、白砂糖、乳酸菌发酵剂、稳定剂、香精。

四、实验步骤

1. 器皿消毒杀菌

器皿在开水中煮沸杀菌 10 min。

2. 配料

(1) 每组制作酸奶 5 瓶,每瓶酸奶 150～200 mL。

(2) 调配时适度地添加糖有利于产品风味,过高则抑制乳酸菌产酸。本实验采用 5% 加糖量。量取 500 mL 牛奶溶液于烧杯中,在电炉上加热到 50℃左右,加入 40 g 蔗糖搅拌至充分溶解。

（3）稳定剂，主要是食品级高分子增稠剂和稳定剂，可使用琼脂和卡拉胶等。

（4）风味剂，根据口味酌量添加，不超过 0.1%。

3. 均质

60℃搅拌均匀溶解。

4. 杀菌

原料乳杀菌不仅可以减少杂菌污染，有利于乳酸菌生长，还可以使乳清蛋白质变性，改善产品质量，防止乳清析出。将加糖溶解的牛奶，煮沸以杀菌。杀菌温度 100℃，时间 15 min，杀菌后乳液迅速冷却到 42～45℃。

5. 接种

冷却后的乳液进行接种，发酵剂（保加利亚乳杆菌：嗜热链球菌=1：1）添加量 3%，接种前将发酵剂进行充分搅拌，目的是使菌体从凝乳块中游离分散出来，接种后，倒入清洗干净的瓶中（每瓶装 150～200 mL），充分搅拌使发酵剂均匀混合。

6. 发酵

接种分装后的发酵液，置于恒温培养箱中，发酵温度 42℃，每隔 30 min 测定酸度和 pH，当混料的 pH 降至 4.6～4.8，酸度达到 70T～80T，凝乳组织均匀、致密、无乳清析出，表明凝块质地良好，达到发酵终点。判断发酵终点的方法：缓慢倾斜瓶身，观察酸乳的流动性和组织状态，当流动性变差且有小颗粒出现，可终止发酵，发酵时应注意避免震动，发酵温度维持恒定，并掌握好发酵时间。

7. 冷却

发酵好的酸乳应立即放入 0～4℃中冷却，抑制乳酸菌生长，冷藏期间酸度还会上升，同时风味物质（乙醛）生成，在 0～4℃冷却 12～24 小时即得成品。

8. 搅拌

成型工业上一般采用均质机或胶体磨搅拌成型，实验室阶段采用玻璃棒搅拌。

五、作业

1. 酸奶发生凝固的原因是什么？

2. 控制酸奶质量应注意哪些方面？

实验四十二　土壤中微生物分离纯化培养

一、实验目的

1. 了解微生物分离和纯化的基本操作技术。
2. 了解不同的微生物菌落在斜面上、半固体培养基和液体培养基中的生长特征。
3. 学会土壤微生物的检测方法,了解土壤中微生物的数量和组成。

二、实验原理

在自然条件下,微生物常常在各种生态系统中群居杂聚。群落是不同种类微生物的混合体。为了生产和科研的需要,人们往往需要从自然界混杂的微生物群体中获得只含有某一种或某一株微生物的过程称为微生物的分离纯化。微生物分离纯化常用的方法有两种:平板分离法和划线分离法。分离出具有特殊功能的纯种微生物,或重新分离被其他微生物污染或因自发突变而丧失原有优良性状的菌株,或通过诱变及遗传改造后选出优良性状的突变株及重组株,这种获得纯培养的方法称为微生物的分离纯化技术。

土壤是微生物生活最适宜的环境,具有微生物所需要的一切营养物质和微生物进行生长繁殖及生存的各种条件,土壤中微生物的数量和种类都很多。它们参与土壤的氮、碳、硫、磷等元素的循环作用。此外,土壤中微生物的活动对土壤形成、土壤肥力和作物生产都有非常重要的作用。因此,查明土壤中微生物的数量和组成情况,对发掘土壤微生物资源和对土壤微生物实行定向控制无疑是十分必要的。利用分离纯化微生物的基本操作技术对土壤中的微生物进行分离与纯化,根据菌落培养特征、形态观察及一系列的生理生化试验的结果,对照种属特征初步鉴定分离纯化的微生物所属的类群。

三、实验器材与试剂

1. 仪器、用具:天平、称量纸、恒温箱、气体流量计、灭菌吸管、灭菌培养皿、灭菌试管、涂布棒、移液枪、灭菌枪头、接种环、记号笔。
2. 材料:土壤样品。
3. 试剂:灭菌稀释水、95％酒精、牛肉膏蛋白胨琼脂培养基(培养细菌)、高氏一号琼脂培养基(培养放线菌)、查氏培养基(培养霉菌)。

四、实验步骤

1. 倒平板:将培养基加热融化,待冷至55～60℃时,混合均匀后倒平板。

2. 制备土壤稀释液:准确称取土样 10 g,加入装有 90 mL 无菌水并带有玻璃珠的三角瓶中,振荡约 20 min,使土样与水充分混匀,将细胞分散。用一支无菌吸管从中吸取 1 mL 土壤悬液加入装有 9 mL 无菌水的试管中,吹吸 3 次,让菌液混合均匀,即成 10^{-2} 稀释液;再换一支无菌吸管吸取 10^{-2} 稀释液 1 mL,移入装有 9 mL 无菌水的试管中,吹吸三次,即成 10^{-3} 稀释液。以此类推,连续稀释,制成 10^{-1}、10^{-2}、10^{-3}、10^{-4}、10^{-5}、10^{-6} 等一系列稀释菌液。

3. 涂布:将无菌平板编上 10^{-4}、10^{-5}、10^{-6} 号码,每一号码设置三个重复平板,用无菌吸管按无菌操作要求吸取 10^{-6} 稀释液各 1 mL 放入编号 10^{-6} 的 3 个平板中,同法吸取 10^{-5} 稀释液各 1 mL 放入编号 10^{-5} 的 3 个平板中,再吸取 10^{-4} 稀释液各 1 mL 放入编号 10^{-4} 的 3 个平板中(由低浓度向高浓度时,吸管可不必更换)。再用无菌玻璃涂棒将菌液在平板上涂抹均匀,每个稀释度用一个灭菌玻璃涂棒,更换稀释度时需将玻璃涂棒灼烧灭菌,在由低浓度向高浓度涂抹时,也可以不更换涂棒。

4. 培养:在 28℃ 条件下倒置培养 3~5 天。

5. 挑菌落:将培养后生长出的单个菌落分别挑取少量细胞划线接种到平板上。28℃ 条件下培养 3~5 天后,再次挑单菌落划线并培养,检查其特征是否一致,同时将细胞涂片染色后用显微镜检查是否为单一的微生物,如果发现有杂菌,需要进一步分离、纯化,直到获得纯培养。

五、实验注意事项

1. 制备混合液平板时,不要在注入培养基前让链霉素液与土壤稀释液相混。

2. 制备混合液平板时,倾注的培养基温度不能太高,过高的温度会烫死微生物。在混匀时,动作要轻巧,应多次前后、左右、顺或逆时针方向旋动。

3. 注意整个操作过程是在火焰周围的无菌操作区域内进行,操作完成后将接种工具火焰灭菌后再放回原处。

六、作业

1. 平板培养时为什么要把培养皿倒置?

2. 高压蒸汽灭菌开始之前,为什么要将锅内冷空气排尽? 灭菌完毕后,为什么要待气压降到 0 时才打开排气阀,开盖取物?

实验四十三　水中细菌总数的测定

一、实验目的

1. 掌握水体中细菌总数的测定方法。
2. 了解水质状况与细菌数量在饮用水检测中的重要性。

二、实验原理

在水质卫生学检验中,细菌总数是指 1 mL 水样在普通营养琼脂培养基中,在 37℃ 经 24 小时培养后,所生长的细菌菌落的总数。细菌总数是判断水质污染程度的主要指标。水被生活废弃物污染时细菌总数会增多,但污染的来源不能确定。想要进一步判断水污染的来源和安全程度,必须结合大肠菌群总数来确认。

本实验应用平板菌落计数技术测定水中细菌总数。水中细菌种类繁多,不同种细菌对营养和其他生长条件的要求差别很大,现在一般是采用普通肉膏蛋白胨琼脂培养基。但并不是所有细菌都能在普通肉膏蛋白胨琼脂培养基上生长繁殖,因此,以一定的培养基平板上生长出来的菌落,计算出来的水中细菌总数仅是一种近似值。

三、实验器材与试剂

1. 仪器、用具:高压蒸汽灭菌器、恒温培养箱、电炉、天平、冰箱、灭菌平皿、灭菌试管、刻度吸管、三角烧瓶、采样瓶、酒精灯、镊子、试管架等。
2. 试剂:灭菌水、牛肉膏蛋白胨琼脂培养基。

四、实验步骤

1. 样品采集

(1)自来水的取样:先将自来水龙头用酒精棉擦拭,再用酒精灯火焰灭菌,打开龙头放水 5 min,用无菌空三角瓶接取水样 200 mL,以待分析。

(2)纯净水取样:用消毒酒精棉擦拭纯水机出口后,先放走部分水,再用无菌空三角瓶接取水样 200 mL。

(3)地表水的取样:池水、河水或湖水应取距水面 10～15 cm 的深层水样,先将灭菌的带玻璃塞瓶的瓶口向下浸入水中,然后翻转过来,除去玻璃塞,水即流入瓶中,盛满后,将瓶塞盖好,再从水中取出,最好立即检查,否则需放入冰箱中保存。

2. 生活饮用水细菌总数测定(自来水、纯净水)

(1) 以无菌操作方法用灭菌吸管吸取 1 mL 充分混匀的水样,注入灭菌培养皿中,共做两个平皿。

(2) 分别倾注约 15 mL 已融化并冷却到 45℃ 左右的肉膏蛋白胨琼脂培养基,并立即旋摇平皿,使水样与培养基充分混匀。

(3) 每次检验时应做一平行接种,同时另取一空的灭菌培养皿,倾注肉膏蛋白胨琼脂培养基 15 mL 作空白对照。

(4) 待培养基冷却凝固后,翻转平皿,使底面向上,置于 37℃ 条件下连续培养 48 小时,进行菌落计数。

(5) 两个平板的平均菌落数即为 1 mL 水样的细菌总数。

3. 水源水

(1) 稀释水样取 3 个灭菌空试管,分别加入 9 mL 灭菌水。取 1 mL 水样注入第一管 9 mL 灭菌水内,摇匀,再自第一管取 1 mL 至下一管灭菌水内,如此稀释到第三管,稀释度分别为 10^{-1}、10^{-2} 与 10^{-3}。稀释倍数看水样污浊程度而定,以培养后平板的菌落数在 30～300 个的稀释度最为合适,若三个稀释度的菌数均多到无法计数或少到无法计数,则需继续稀释或减小稀释倍数。一般中等污秽水样,取 10^{-1}、10^{-2}、10^{-3} 三个连续稀释度,污秽严重的取 10^{-2}、10^{-3}、10^{-4} 三个连续稀释度。

(2) 自最后三个稀释度的试管中各取 1 mL 稀释水加入空的灭菌培养皿中,每一稀释度做两个培养皿。

(3) 各倾注 15 mL 已融化并冷却至 45℃ 左右的肉膏蛋白胨琼脂培养基,立即放在桌上摇匀。

(4) 凝固后倒置于 37℃ 培养箱中培养 24 小时。

4. 菌落计数方法

(1) 先计算相同稀释度的平均菌落数。若其中一个培养皿有较大片状菌苔生长时,则不应采用,而应以无片状菌苔生长的培养皿作为该稀释度的平均菌落数。若片状菌苔的大小不到培养皿的一半,而其余的一半菌落分布又很均匀时,则可将此一半的菌落数乘 2 以代表全培养皿的菌落数,然后再计算该稀释度的平均菌落数。

(2) 首先选择平均菌落数在 30～300 的,当只有一个稀释度的平均菌落数符合此范围时,则以该平均菌落数乘以其稀释倍数即为该水样的细菌总数。

(3) 若有两个稀释度的平均菌落数均在 30～300,则按二者菌落总数之比值来决定。若其比值小于 2,应采取二者的平均数;若大于 2,则取其中较小的菌落总数。

(4) 若所有稀释度的平均菌落数均大于 300,则应按稀释度最高的平均菌落数乘以稀释倍数。

(5) 若所有稀释度的平均菌落数均小于 30,则应按稀释度最低的平均菌落数乘以稀释倍数。

(6) 若所有稀释度的平均菌落数均不在 30～300,则以最接近 300 或 30 的平均菌落数乘以稀释倍数。

五、实验注意事项

1. 检验过程中还应该用稀释液做空白对照,用以判定稀释液、培养基、平皿或吸管可能存在的污染。同时,检验过程中应在工作台上打开一块空白的平板计数琼脂,其暴露时间应与检验时间相当,以了解检样在检验过程中有无受到来自空气的污染。

2. 为防止细菌增殖及产生片状菌落,在加入样液后,应在 15 min 内倾注培养基。检样与培养基混匀时,可先向一个方向旋转,然后再向相反方向旋转。旋转中应防止混合物溅到皿边的上方。

3. 如果平板上出现链状菌落,菌落间没有明显的界线,这可能是琼脂与检样混匀时,一个细菌块被分散所造成的。一条链作为一个菌落计数。若培养过程中遭遇昆虫侵入,在昆虫爬行过的地方也会出现链状菌落,也不应分开计数。

六、作业

1. 从自来水的细菌总数结果来看,是否合乎饮用水的标准?(生活饮用水卫生标准规定:菌落总数不超过 100 CFU/mL)

2. 你所测的水源水的污秽程度如何?

实验四十四　噬菌体的分离、纯化及效价测定

一、实验目的

1. 学习分离纯化噬菌体的基本原理和方法。

2. 了解噬菌体效价测定的方法。

3. 掌握用双层琼脂平板法测定噬菌体效价的操作技能。

4. 掌握微生物实验的基本原理和技术、培养无菌意识。

二、实验原理

噬菌体是一类专性寄生于原核细胞内的病毒,其个体形态极其微小,用常规微生物计数法无法测得其数量。自然界中凡是有细菌和放线菌分布的地方,一般都能找到其相应的噬菌体,可分离获得相应特异性的噬菌体。例如,粪便与阴沟污水中往往含有大量的大肠杆菌噬菌体;乳牛场有较多的乳酸杆菌,容易获得乳酸杆菌噬菌体。样品中加入敏感菌株与液体培养基混合后培养,噬菌体便能大量增殖、释放,从而可分离到特定的噬菌体。噬菌体侵染细菌后会迅速引起敏感细菌裂解,释放出大量子代噬菌体,然后子代噬菌体继续扩散和侵染周围细胞,最终使含有敏感菌的悬液由混浊逐渐变清,或在含有敏感细菌的平板上出现肉眼可见的空斑——噬菌斑。

噬菌体的效价是指 1 mL 样品中所含具有侵染性噬菌体的粒子数。效价的测定一般采用双层琼脂平板法。在含有特异宿主细菌的琼脂平板上,由于噬菌体对其宿主细胞的裂解,在含有敏感菌株的平板上会出现肉眼可见的噬菌斑,一般一个噬菌体粒子形成一个噬菌斑,故可根据一定体积的噬菌体培养液所出现的噬菌斑数,计算出噬菌体的效价。但是,样品中可能会有少数活噬菌体未能引起侵染,使噬菌斑计数结果往往比实际活噬菌体数偏低。因此,噬菌体的效价一般不用噬菌体粒子的绝对数量表示,而是采用噬菌斑形成单位(plaque-forming unit,PFU)表示。此法所形成的噬菌斑的形态、大小较一致,且清晰度高,故计数比较准确,因而被广泛应用。

三、实验器材与试剂

1. 仪器、用具:无菌吸管、无菌平皿、无菌抽滤瓶、玻璃棒、锥形瓶、细菌过滤器、无菌试管、三角瓶、移液管、恒温水浴锅、离心机等。

2. 材料:敏感指示菌(大肠杆菌)、大肠杆菌噬菌体。

3. 试剂:灭菌稀释水、二倍牛肉膏蛋白胨培养液、上层牛肉膏蛋白胨半固体琼脂培养

基(含琼脂 0.7%,试管分装,每管 5 mL)、下层牛肉膏蛋白胨固体琼脂培养基(含琼脂 2%)、1%蛋白胨液体培养基。

四、实验步骤

1. 噬菌体的检查

(1) 样品采集:将 5 mL 污水水样放入灭菌三角瓶中,加入对数生长期的敏感指示菌 (大肠杆菌)菌液 3~5 mL,再加 20 mL 二倍牛肉膏蛋白胨培养液。

(2) 增殖培养:37℃振荡培养 12~24 小时,使噬菌体增殖。

2. 噬菌体的分离

(1) 制备菌悬液:取大肠杆菌斜面一支,加 4 mL 无菌水洗下菌苔,制成菌悬液。

(2) 增殖培养:取 100 mL 三倍浓缩的牛肉膏蛋白胨液体培养基置于灭菌三角瓶中, 加入污水样品 200 mL 与大肠杆菌悬液 2 mL,置于 37℃振荡培养 12~24 小时。

(3) 制备裂解液:将以上混合培养液 2 500 r/min 离心 15 min。将已灭菌的细菌过滤 器用无菌操作安装于灭菌抽滤瓶上,将离心上清液倒入过滤器,开动真空泵,过滤除菌。 所得滤液倒入灭菌三角瓶内,37℃培养过夜,以做无菌检查。

(4) 确证试验:经无菌检查没有细菌生长的滤液做进一步证明噬菌体的存在。在牛 肉膏蛋白胨琼脂平板上滴加大肠杆菌菌悬液一滴,用灭菌玻璃棒涂布成一薄层。待平板 上菌液干后,滴加数小滴裂解液于平板面上,将平板置于 37℃培养过夜。若加滤液处出 现无菌生长的蚕食状透明斑,则滤液内有大肠杆菌噬菌体存在。

3. 噬菌体的纯化

(1) 取上述已经证实的噬菌体裂解液 0.1 mL 于一支灭菌试管中,再加入 0.1 mL 新鲜 的大肠杆菌悬液,混合均匀。

(2) 取上层琼脂培养基,融化并冷至 45℃,加入 0.2 mL 上述噬菌体与细菌的混合液, 立即混匀。混匀后快速倒入底层培养基上,铺匀,置 37℃培养 12~24 小时。

(3) 取出培养的平板仔细观察平板上噬菌斑的形状、大小、清亮程度等形态特征。此 时长出的分离的单个噬菌斑,其形态、大小常不一致,因为此过程制备的裂解液中往往有 多种噬菌体,需进一步纯化。纯化时,通常采用接种针在单个噬菌斑中刺一下,小心采取 噬菌体,接入含有大肠杆菌的液体培养基内,于 37℃培养。直至试管中菌悬液由混浊变 清,培养物经离心后取上清液,再重复步骤(2)(3)直到出现的噬菌斑形态一致。

(4) 等待管内菌液完全溶解后,过滤除菌,即得到纯化的噬菌体。

4. 噬菌体效价的测定

(1) 敏感菌活化:将大肠杆菌接入装有 20 mL 牛肉膏蛋白胨液体培养基的灭菌三角 瓶中,37℃振荡培养 12~16 小时。

(2) 倒下层平板:将融化后冷却到 45℃左右的下层牛肉膏蛋白胨固体培养基倾倒于 11 个无菌培养皿中,每皿约倾注 10 mL 培养基,平放,待冷凝后在培养皿底部注明噬菌体稀释度。

（3）稀释噬菌体：按 10 倍稀释法，吸取 0.5 mL 大肠杆菌噬菌体，加到含 4.5 mL 牛肉膏蛋白胨培养基的试管中进行 10 倍系列稀释，即稀释到 10^{-1}，依次稀释到 10^{-6} 稀释度。

（4）噬菌体与菌液混合：将 11 支灭菌空试管分别标记 10^{-4}、10^{-5}、10^{-6} 和对照。用无菌吸管分别从 10^{-4}、10^{-5} 和 10^{-6} 噬菌体稀释液中各吸取 0.1 mL 于上述相应标记的无菌空试管中（每个稀释度 3 个重复），在对照管中加 0.1 mL 无菌水，然后在上述各试管中分别加入 0.2 mL 大肠杆菌菌液，振荡试管使之混合，于 37℃ 水浴中保温 5 min。

（5）接种上层平板：将 11 支融化并保温于 45℃ 的上层肉膏蛋白胨半固体琼脂培养基 5 mL 分别加入含有噬菌体和敏感菌液的混合管中，立即旋摇混匀并倒入对应编号的底层培养基平板上，边倒入边摇动平板，使上层培养基铺满平板，凝固后，于 37℃ 培养 24 小时。注意：倒上层培养基时速度要快。

（6）统计噬菌斑：仔细观察平板上形成的噬菌斑，选取每皿有 30～300 个噬菌斑的平板计算噬菌体效价。计算公式见式 5-1

$$N = Y/V \times X \tag{5-1}$$

式中：N 为效价值；Y 为平均噬菌斑数/皿；V 为取样量；X 为稀释度。

例如：当稀释度为 10^{-6} 时，取样量为 0.1 mL/皿，平板上的噬菌斑值为 186 个，则该样品的效价为：$N = 186/0.1 \times 10^{-6} = 1.86 \times 10^9$。

五、实验注意事项

1. 噬菌体与细菌的比例，测定噬菌体效价应采用低感染复数，指示菌的细胞密度不宜过高，一般控制在 1×10^7 个/mL 为宜。

2. 注意系列稀释（梯度稀释）时，要换枪头，保证稀释的准确性。另外，注意噬菌斑出现的时间，以防止出现后，却没观察到。

六、作业

1. 要证实获得的噬菌体裂解液中确有噬菌体存在，除用本实验使用的双层平板法观察噬菌斑外，还有哪些方法可检查确有噬菌体存在？比较其优缺点。

2. 测定噬菌体效价的原理是什么？要提高测定的准确性应注意哪些操作？

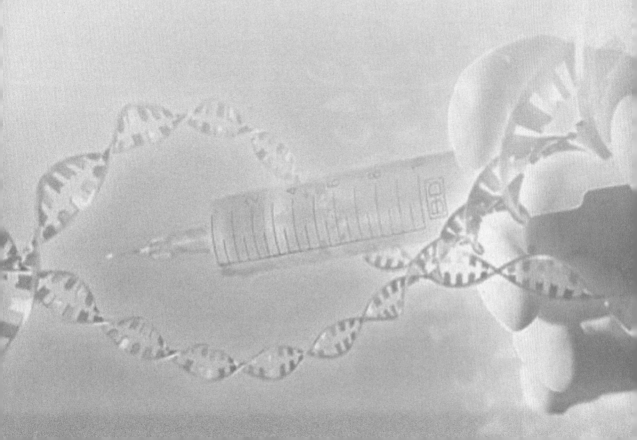

第六章

基因工程实验

实验四十五　植物基因组 DNA 的提取

一、实验目的

1. 掌握植物基因组 DNA 的提取方法和基本原理。
2. 了解并掌握微量移液器、离心机的使用方法。

二、实验原理

核酸是生物体中的重要成分,核酸以两种方式存在,即 DNA 和 RNA。DNA 主要存在于核内,即染色体 DNA(基因组 DNA),少量存在于细胞质内及细胞器内。在生物体内它常与蛋白质结合在一起,以核蛋白的形式存在。在制备植物总 DNA 时,通常采用机械研磨的方法破碎植物的组织和细胞,核蛋白释放出来,同时加入去污剂使蛋白体解析,然后使 DNA 沉淀与液相中的蛋白质、多糖等杂质分离。由于植物细胞匀浆含有多种酶类(尤其是氧化酶类)对 DNA 的抽提产生不利的影响,在抽提缓冲液中需加入抗氧化剂或强还原剂(如巯基乙醇)以降低这些酶类的活性。在液氮中研磨,材料易于破碎,并减少研磨过程中各种酶类的作用。

总 DNA 提取方法很多,从提取原理上看主要有两种:十六烷基三乙基溴化铵法(CTAB)和十二烷基磺酸钠法(SDS)。CTAB、SDS 等离子型表面活性剂,能溶解细胞膜和核膜蛋白,使核蛋白解聚,从而使 DNA 得以游离出来。再加入苯酚和氯仿等有机溶剂,能使蛋白质变性,并使抽提液分相,因核酸(DNA、RNA)水溶性很强,经离心后即可从抽提液中除去细胞碎片和大部分蛋白质。上清液中加入异丙醇或乙醇使 DNA 沉淀,沉淀 DNA 溶于去离子水中,即得植物总 DNA 溶液。之后可加入 RNA 酶降解其中的 RNA,再用氯仿除去 RNA 酶,得到较纯的 DNA 制剂。

三、实验器材与试剂

1. 仪器、用具:恒温水浴锅、高速离心机、紫外分光光度计、剪刀、研钵、小塑料桶、移液器、冰箱、水浴锅。

2. 材料:新鲜植物叶片。

3. 试剂:液氮、氯仿:异戊醇(24:1)、异丙醇、TE 缓冲液、十二烷基磺酸钠(SDS)、三羟甲基氨基甲烷(Tris)、乙二胺四乙酸(EDTA)、氯化钠、苯酚、无水乙醇等。

四、实验步骤

1. 将 1 g 新鲜植物叶片材料于液氮速冻,然后在研钵中将其磨碎,将粉末转至 2 mL 离心管中。

2. 加入 1.2 mL 预热至 65℃ 的 SDS 提取缓冲液,轻缓振荡混匀,置 65℃ 水浴中放置 30 min,不时颠倒混匀。

3. 加入 0.45 mL 5 mol/L 的醋酸钾,混匀,冰浴 20 min,在 10 000 r/min 离心 20 min,取上清液转入另一离心管中。

4. 加入等体积氯仿:异戊醇(24:1),轻轻颠倒混匀,12 000 r/min 离心 5 min。

5. 转移上清液到另一新离心管中,加入 700 μL 预冷异丙醇,轻轻颠倒混匀,−20℃ 放置 30 min 沉淀核酸。

6. 25℃,12 000 r/min,离心 10 min,收集沉淀。

7. 弃上清液,70% 乙醇洗两次。

8. 晾干 DNA,溶于 50 μL 去离子水中,4℃ 保存备用。

9. 取 3 uL DNA 溶液测定 DNA 在 260 nm 和 280 nm 的光密度(OD)值,分析 DNA 的纯度和含量。

DNA 纯度:DNA 的 OD260/OD280 一般为 1.8 左右。

OD260/OD280≈1.8:说明较纯;

OD260/OD280>1.8:说明可能有 RNA 污染;

OD260/OD280<1.8:说明可能有蛋白质污染。

五、实验注意事项

1. 尽量取新鲜幼嫩的叶片,叶片太老,酚类物质多,须用 β-巯基乙醇处理,叶片磨得越细越好。

2. 植物细胞中含有大量的 DNA 酶,要在抽提液中加入 EDTA 抑制酶的活性,另外操作要迅速,以免组织解冻,导致细胞破裂,释放出 DNA 酶,使 DNA 降解。

六、作业

1. 试述植物总 DNA 提取中应注意什么问题?

2. 植物总 DNA 提取的原理是什么?

3. 植物 DNA 提取的关键步骤有哪些?

实验四十六　动物组织基因组 DNA 的提取

一、实验目的

1. 掌握动物组织中提取总 DNA 的操作方法。
2. 掌握 DNA 提取的原理。

二、实验原理

DNA 是遗传信息的载体,真核生物的 DNA 是以染色体的形式存在于细胞核内,外有核膜及胞膜。提取 DNA 时,必须先将组织分散成单个细胞,分散好的组织细胞在含十二烷基硫酸钠(SDS)和蛋白酶 K 的溶液中消化分解蛋白质,再用酚和氯仿/异戊醇抽提分离蛋白质,得到的 DNA 溶液经乙醇沉淀使 DNA 从溶液中析出。制备 DNA 的原则是既要将 DNA 与蛋白质、脂类和糖类等分离,又要保持 DNA 分子的完整。整个实验可分为细胞裂解、DNA 分离与纯化和 DNA 的洗脱收集。

三、实验器材与试剂

1. 仪器、用具:恒温水浴锅、高速离心机、微量移液器、玻璃匀浆器、离心管、吸头。
2. 材料:新鲜动物组织。
3. 试剂:

(1) 细胞裂解缓冲液:pH 8.0 三羟甲基氨基甲烷(Tris)100 mmol/L、pH 8.0 乙二胺四乙酸(EDTA)500 mmol/L、20 mmol/L NaCl、10% SDS、20 μg/mL 胰 RNA 酶。

(2) 蛋白酶 K:称取 20 mg 蛋白酶 K 溶于 1 mL 灭菌的去离子水中,−20℃备用。

(3) TE 缓冲液(pH 8.0):高压灭菌,室温贮存。

(4) 酚:氯仿:异戊醇(25:24:1)。

(5) 异丙醇、冷无水乙醇、70%乙醇、灭菌水。

四、实验步骤

1. 取新鲜或冰冻动物组织块 10 mg,剔除结缔组织,吸水纸吸干血液,尽量剪碎放入玻璃匀浆器中,加入 1 mL 的细胞裂解缓冲液匀浆,振荡至彻底悬浮。

2. 将上述悬浮液转入 1.5 mL 离心管中,加入 20 μL 蛋白酶 K 溶液,混匀。在 65℃恒温水浴锅中保温 1~3 小时,间歇振荡离心管数次,直至组织完全解体。台式离心机以 12 000 r/min 离心 5 min,取上清液加入另一离心管中。

3. 加入 2 倍体积异丙醇,充分颠倒混匀,可以看到丝状物,用 100 μL 吸头挑出,晾干,用 200 μLTE 重新溶解。加入等量酚∶氯仿∶异戊醇(25∶24∶1),充分振荡混匀 15 s,12 000 r/min 离心 5 min。

4. 取上清液至另一离心管中,加入等体积的氯仿、异戊醇,振荡混匀,12 000 r/min 离心,5 min。

5. 取上清液至另一离心管中,加入 1/2 体积的 7.5 mol/L 乙酸铵和 2 倍体积的无水乙醇,混匀后室温静置 2 min,离心 12 000 r/min,10 min。

6. 小心倒掉上清液,将离心管倒置于吸水纸上,除去附于管壁上的残余液。

7. 用 1 mL70％乙醇洗涤沉淀物 1 次,离心 12 000 r/min,5 min。

8. 重复步骤 6 一次,室温干燥。

9. 加 200 μLTE 缓冲液重新溶解沉淀物,然后置于－20℃保存备用。

五、实验注意事项

1. 有机相与水相不能均匀分开,一般是由于 DNA 浓度太高或还残留着大量细胞的残存成分,此时应加入适量裂解缓冲液稀释。

2. 最后如果没有 DNA 出现,则将溶液于 2 000 r/min 离心 3 min。若还无 DNA,则可能由于之前没有消化完全,可以适当增加裂解缓冲液的量。也有可能是 DNA 在某一步中已被降解。

六、作业

1. 试述动物总 DNA 提取中的关键是什么?

2. 动物总 DNA 提取的原理是什么?

实验四十七　PCR 反应扩增目的 DNA

一、实验目的

1. 学习并掌握 PCR 扩增的基本原理与实验技术。

2. 对扩增后的 DNA 进行琼脂糖凝胶电泳试验,并分析相应结果。

二、实验原理

聚合酶链式反应(PCR)是一种体外 DNA 扩增技术,原理类似于 DNA 的天然复制过程,是一种选择性扩增 DNA 的方法,具有灵敏度高、特异性强、操作简便和应用广泛等特点。PCR 工作原理依据体内细胞分裂中的 DNA 半保留复制机理,是将待扩增的 DNA 片段和与其两侧的已知序列合成两个与模板 DNA 互补的寡核苷酸作为引物,引物序列将决定扩增序列片段的特异性和片段长度。人为地控制体外合成系统的温度,以促使双链 DNA 变成单链 DNA;单链 DNA 与人工合成的引物退火,以及在脱氧核糖核苷三磷酸(dNTP)存在下,耐高温的 DNA 聚合酶使引物沿单链模板延伸成为双链 DNA。

PCR 过程分为 3 步:

① 变性:通过高温(92~96℃)加热使双链 DNA 模板的氢键断裂,形成单链 DNA。

② 退火:当系统温度突然降低时(55℃),由于模板分子结构较引物要复杂得多,而且反应体系中引物 DNA 量大大多于模板 DNA,引物与 DNA 模板结合,这是所谓退火阶段。

③ 延伸(72℃):在 Taq DNA 聚合酶和 4 种 dNTP 底物及 Mg^{2+} 存在的条件下,从引物的 $5'$ 端→$3'$ 端延伸,合成与模板互补的 DNA 链。

以上 3 步为一个循环,如此反复,在同一反应体系中重复变性、退火和延伸这一循环,使产物 DNA 重复合成,每一循环的产物可以作为下一循环的模板,介于两个引物的特异性 DNA 片段得到大量复制,使产物 DNA 的量按指数方式扩增。经过 30~40 个循环,DNA 扩增即可完成。

三、实验器材与试剂

1. 仪器、用具:PCR 扩增仪、薄壁管、离心管、微量移液器、枪头。

2. 材料:模板 DNA。

3. 试剂:DNA 聚合酶、dNTPs、两种引物、16 S 全长 DNA 样本、无菌去离子水(ddH₂O)。

四、实验步骤

1. 在 0.2 mL 离心管内配制 25 μL 反应体系(表 6-1):

表 6-1 PCR 反应体系

反应物	体积
ddH₂O	18.5 μL
10×PCR 缓冲液	2.5 μL
2.5 mmol/L dNTPs	0.5 μL
25 mmol/L MgCl₂	1 μL
引物 1	0.5 μL
引物 2	0.5 μL
DNA 聚合酶	0.5 μL
模板 DNA	1 μL

旋涡混合器混合,短暂离心之后将样品放入 PCR 仪。

2. 按下述程序进行扩增:

(1) 94℃预变性 4 min。

(2) 94℃变性 40 s。

(3) 50℃退火 40 s。

(4) 72℃延伸 40 s。

(5) 重复步骤(2)到(4)30 次。

(6) 72℃延伸 10 min。

五、实验注意事项

1. PCR 反应体系中 DNA 样品及各种试剂的用量都极少,必须严格注意吸样量的准确性及全部放入反应体系中。

2. 为避免污染,凡是用在 PCR 反应中的 Tip 尖、离心管、蒸馏水都要灭菌;吸每种试剂时都要换新的灭菌 Tip 尖。

3. PCR 管置于 PCR 仪进行 PCR 反应前,管要盖紧,否则使液体蒸发影响 PCR 反应。

4. 引物与引物之间避免形成稳定二聚体或发夹结构,再次引物不能在模板的非目的位点引发 DNA 聚合反应(即错配)。

六、作业

1. 试述 PCR 反应引物设计需要的原则?

2. PCR 反应扩增目的 DNA 的原理是什么?

实验四十八 DNA 的限制性内切酶酶切分析

一、实验目的

1. 学习并掌握 DNA 限制性内切酶酶切分析。
2. 掌握琼脂糖凝胶电泳的原理。

二、实验原理

限制性内切酶(restriction endonuclease，RE)是由细菌自己产生的能识别双链 DNA 分子中的特定碱基顺序，并以内切方式水解核酸中的磷酸二酯键的核酸水解酶。它可分为三种类型：Ⅰ、Ⅱ和Ⅲ型，Ⅱ型酶就是通常所指的 RE，能识别双链 DNA 的特异序列，并在这个序列内进行切割。它是基因工程中剪切 DNA 分子的常用工具酶。临床上某些遗传病是由于基因的缺失、插入、突变所致，可造成限制性内切酶酶切位点的改变，故当用一定的限制性内切酶切割时，其切开的片段大小与正常人发生差异，即 DNA 限制性图谱发生改变，据此可达到基因诊断的目的。

琼脂糖凝胶电泳是重组 DNA 研究中常用的技术，可用于分离、鉴定和纯化 DNA 片段。不同大小、不同形状和不同构象的 DNA 分子在相同的电泳条件下(如凝胶浓度、电流、电压、缓冲液等)，有不同的迁移率，所以可通过电泳使其分离。凝胶中的 DNA 可与荧光染料 SYBR Green Ⅰ结合，在紫外灯下可看到亮绿色荧光条带，可分析实验结果。

三、实验器材与试剂

1. 仪器、用具：恒温水浴锅、高速冷冻离心机、离心管、微量移液器、枪头、电泳仪、凝胶成像系统。

2. 试剂：限制性内切酶 $EcoR$ Ⅰ、10×buffer H、DNA 分子量标准、上样缓冲液、无菌去离子水(ddH_2O)、溴酚蓝指示剂、琼脂糖凝胶、TAE 电泳缓冲液。

四、实验步骤

1. 取离心管一支，在管中按表 6-2 依次加入：

表 6-2　酶切反应体系

组分	体积
ddH₂O	2.5 μL
10×buffer H	1.5 μL
质粒 DNA	10 μL
EcoR I (4 U/μL)	1 μL
反应体系	15 μL

2. 加盖,混匀后稍离心,37℃水浴反应 1 小时。

3. 制备琼脂糖凝胶:按照被分离 DNA 的大小,决定凝胶中琼脂糖的百分含量,见表 6-3。

表 6-3　琼脂糖凝胶浓度与分辨 DNA 大小范围的关系

凝胶中的琼脂糖含量[%(w/v)]	线性 DNA 分子的有效分离范围(kb)
0.3	5~60
0.6	1~20
0.7	0.8~10
0.9	0.5~7
1.2	0.4~6
1.5	0.2~3
2.0	0.1~2

称取 0.48 g 琼脂糖倒入三角瓶中,加入 1×TAE 缓冲液 60 mL,置微波炉或水浴加热至完全熔化,取出摇匀。

4. 灌胶

(1) 取洁净的电泳内槽,用胶带封住胶床,将内槽放置于一水平台面,放好梳子。

(2) 将冷却至 60℃左右的琼脂糖凝胶液缓慢倒入胶床中,凝胶的厚度在 3~5 mm,凝固 20~60 min。

(3) 待凝胶完全凝固后,小心移去梳子,将胶床放在电泳槽内,注意凝胶点样端要靠近负极。

(4) 向电泳槽中加入 1×TAE 缓冲液,缓冲液刚没过凝胶表面即可,通常缓冲液高于胶面 1 cm。

5. 加样

剪取适当大小的蜡膜,取 6×上样缓冲液 2 μL 点于膜上数点。取 5 μL 酶切后的样品,0.5~1 μg 未酶切质粒 DNA,DNA 分子量标准分别与上样缓冲液混匀,用移液枪将样品加入凝胶的点样孔。

6. 电泳

接通电源槽与电泳仪的电源。DNA 的迁移率与电压成正比,电压不超过 5V/cm 凝胶长度。当溴酚蓝染料移动至凝胶前沿 1~2 cm 处,切断电源,停止电泳。

7. 观察结果

电泳结束后,取出内槽,在紫外分析仪上进行观察。通过防护屏或戴防护眼镜观察紫外灯透射的结果,DNA 存在处应显出亮绿色荧光条带,可观察到酶切与未酶切后的 DNA 带的泳动位置。

五、实验注意事项

1. 酶切基因组 DNA 是否完全可通过紫外观察结果来判断,如看到 DNA 片段呈均匀递减的一条区带,则表示酶切完全。

2. 对多个样品基因组 DNA 分别酶切电泳摄影,绘制出多个样品的 DNA 限制性内切酶图谱,即可分析作出基因诊断。

六、作业

1. DNA 的纯度会不会影响酶切产物的质量? 如果会,请说明原因。

2. 如何进行 DNA 的限制性内切酶酶切分析?

实验四十九　感受态细胞的制备

一、实验目的

掌握 $CaCl_2$ 法制备大肠杆菌感受态细胞的原理和方法。

二、实验原理

感受态细胞的制备常用冰预冷的 $CaCl_2$ 处理细菌,当大肠杆菌生长到 OD600 为 0.2～0.4 时,用低渗 $CaCl_2$ 溶液在低温(0℃)时处理大肠杆菌细胞,细胞膨胀成球形,可使大肠杆菌进入一种易于接受外源 DNA 的状态(感受态),从而获得感受态细胞。此时,若在感受态细胞中加入质粒,在此条件下质粒 DNA 易形成抗 DNA 酶的羟基-钙磷酸复合物黏附于细菌表面,经过 42℃ 短暂的热激作用后,DNA 与 Ca^{2+} 形成的复合物进入大肠杆菌细胞,转化效率可达 10^6～10^7 转化子/微克 DNA。在不含抗生素的培养基中短暂培养,使转入大肠杆菌质粒上的抗生素抗性基因表达,在含相应抗生素的选择培养基上可将转化菌(含质粒)与未转化细菌分开,转化细菌经过不断分裂增殖形成菌落,而未转化的细菌则不能。本实验成功的关键是选用的细菌必须处于对数生长期,实验操作必须在低温下进行。

三、实验器材与试剂

1. 仪器、用具:恒温培养箱、恒温振荡仪、超净工作台、低温台式离心机、水浴锅、高压灭菌锅、微孔滤器(含 0.22 μm 滤膜)、酒精灯、移液枪、锥形瓶、离心管。

2. 材料:大肠杆菌(*E.coli* DH5α)。

3. 试剂:氯化钠、无水氯化钙、蛋白胨、酵母提取物、1.0 mol/L 氢氧化钠、氨苄青霉素钠、琼脂粉、甘油、液氮。

四、实验步骤

1. 取 −80℃ 冰箱中大肠杆菌感受态细胞 DH5α 在培养基平板上进行划线分离,37℃ 静置培养过夜,接种大肠杆菌单菌落于 2 mL 液体培养基中,37℃ 振荡(约 250 r/min)培养过夜。

2. 将 2 mL 过夜培养物转接到盛有 100 mL 液体培养基的 500 mL 三角瓶中,37℃ 继续振荡培养至 600 nm 波长处的吸光值(OD600)为 0.2～0.4。

3. 取 1 mL 培养物于一灭菌的离心管中,冰浴放置 10～30 min,4℃,10 000 r/min 离心 30 s。

4. 弃上清液，沉淀用 0.2 mL 冰冷氯化钙溶液轻轻悬浮，冰浴放置 30 min，4℃，10 000 r/min 离心 30 s。

5. 弃上清液，加入 0.2 mL 氯化钙溶液，用巴氏管轻轻吹吸让沉淀充分混匀，放置在冰浴中 30 min。

6. 从冰水中取出 4℃、3 000 r/min，离心 10 min，弃去上清液并用移液枪轻轻地把多余的液体吸干净，加入含 10% 甘油的溶液。用巴氏管轻轻吸起液体打到壁上使沉淀混匀并放置在冰上。

7. 把液氮倒到小的塑料盒子里，将离心管迅速放入液氮中，使之迅速冷冻，然后放到 −70℃ 保存。

五、实验注意事项

1. 应使用处于对数生长期的大肠杆菌细胞，OD 600 最好不超过 0.4。
2. 整个实验最好在低温环境下进行，以获得较高的转化效率。
3. 每次悬浮沉淀细胞要轻缓，避免剧烈振荡。

六、作业

感受态细胞制备需要注意的问题有哪些？

实验五十　质粒 DNA 转化感受态大肠杆菌

一、实验目的

1. 学习并掌握质粒转化的基本原理与方法。
2. 细胞转化的概念及其在分子生物学研究中的意义。

二、实验原理

转化(transformation)是将异源 DNA 分子引入一细胞株系,使受体细胞获得新的遗传性状的一种手段,是基因工程等研究领域的基本实验技术。进入细胞的 DNA 分子通过复制表达,实现遗传信息的转移,使受体细胞出现新的遗传性状。转化过程所用的受体细胞一般是限制修饰系统缺陷的变异株,即不含限制性内切酶和甲基化酶的突变株。大肠杆菌不是天然感受菌,在低温(0～5℃)环境下经 $CaCl_2$ 处理,细胞壁变松变软后能摄入外源 DNA,这种状态称为感受态细胞(competent cell)。质粒 DNA 或重组 DNA 黏附在细菌细胞表面,经过 42℃ 短时间的热击处理,促进吸收 DNA。然后在非选择培养基中培养一代,待质粒上所带的抗菌素基因表达,就可以在含抗菌素的培养基中生长。

三、实验器材与试剂

1. 仪器、用具:微量移液器、枪头、恒温水浴锅、制冰机、恒温摇床、冷冻离心机、培养皿(已铺好含氨苄青霉素的培养基)、超净工作台、酒精灯、玻璃涂棒、1.5 mL Eppendorf 管、50 mL 离心管、乳胶手套。

2. 材料:感受态细胞。

3. 试剂:LB 液体培养基、LB 固体培养基、100 mg/mL 氨苄青霉素。

四、实验步骤

1. 从 －70℃ 冰箱中取感受态细胞悬液 200 μL,置冰上解冻 1～2 min。

2. 加入质粒 DNA 溶液(含量不超过 50 mg,体积不超过 10 μL),轻轻摇匀,冰上放置 30 min。

3. 在 42℃ 水浴中热击 90 s,然后迅速置冰上 2 min,整个过程不要振荡菌液。

4. 向管中加入 200 μL 不含抗生素的液体培养基,混匀后 37℃ 振荡培养,225 r/min 离心 1 小时,使细菌恢复正常生长状态,并表达质粒编码的抗生素抗性基因。

5. 将上述菌液摇匀后涂布于含氨苄青霉素的琼脂平板上,正面向上放置半小时,待菌液完全被培养基吸收后,37℃倒置培养 12～16 小时。

五、实验注意事项

1. 实验室常用的用于质粒扩增的感受态菌是 Top10,用于质粒表达的感受态菌是 BL21 Star(DE3)。

2. 实验目的是表达蛋白,可热击完直接涂平板。目的是质粒扩增或后续要 PCR,需在热击后 37℃振荡培养复苏 1 小时。

3. 实验过程要防止杂菌和杂 DNA 的污染,整个操作过程均应在无菌条件下进行,所用器皿、所有的试剂都要灭菌,且注意防止被其他试剂、DNA 酶或杂 DNA 所污染,否则会影响转化效率或杂 DNA 的转入。

六、作业

1. 分析影响转化效率的因素。

2. 还有什么方法可以将外源基因导入受体细胞? 各有什么优缺点?

实验五十一　重组质粒的构建

一、实验目的

1. 学习并掌握质粒重组的基本原理与方法。
2. 学习利用 T4 DNA 连接酶连接载体片段和 DNA 片段的技术。

二、实验原理

外源 DNA 与载体分子的连接就是 DNA 重组,这样重新组合的 DNA 叫作重组体或重组子。重组的 DNA 分子是在 DNA 连接酶的作用下,有 Mg^{2+}、ATP 存在的连接缓冲系统中,将分别经酶切的载体分子与外源 DNA 分子进行连接。DNA 连接酶有两种:T4 噬菌体 DNA 连接酶(可用于连接黏性末端和平末端,但连接效率低)和大肠杆菌 DNA 连接酶。两种 DNA 连接酶都有将两个带有互补黏性末端的 DNA 分子连在一起的功能,而且 T4 噬菌体 DNA 连接酶还有一种大肠杆菌连接酶没有的特性,即能使两个平末端的双链 DNA 分子连接起来。但这种连接的效率比黏性末端的连接效率低,一般可通过提高 T4 噬菌体 DNA 连接酶浓度或增加 DNA 浓度来提高平末端的连接效率。

T4 噬菌体 DNA 连接酶催化 DNA 连接反应分为 3 步:首先,T4 DNA 连接酶与辅助因子 ATP 形成酶- AMP 复合物;然后,酶- AMP 复合物再结合到具有 5′磷酸基和 3′羟基切口的 DNA 上,使 DNA 腺苷化;最后产生一个新的磷酸二酯键,把切口封起来。连接反应的温度在 37℃时有利于连接酶的活性。但是在这个温度下,黏性末端的氢键结合是不稳定的。因此人们找到了一个折中温度,12~16℃,连接 12~16 小时,这样既可最大限度地发挥连接酶的活性,又兼顾到短暂配对结构的稳定。

三、实验器材与试剂

1. 仪器、用具:恒温水浴锅、台式离心机、移液枪、电泳系统、凝胶成像系统。
2. 材料:载体、目的 DNA 片段。
3. 试剂:T4 DNA 连接酶、T4 DNA 连接酶缓冲液。

四、实验步骤

1. 在 1.5 mL 微型离心管中依次按表 6-4 加入以下试剂:

表 6-4 连接反应体系

组分	体积
目的 DNA	4 μL
载体分子	1 μL
缓冲液	4.5 μL
T4 DNA 连接酶(4 U/μL)	0.5 μL
反应体系	10 μL

2. 在 2 000 r/min 下离心 30 s,使反应体系充分混合。

3. 混合液于 4℃过夜连接,取 2 μL 做电泳检查,鉴定反应连接产物,做完 DNA 重组后,暂放冰箱保存,迅速做转化实验。

五、实验注意事项

1. 连接反应目的 DNA 片段和载体的比例一般为 1:2 或 1:3。

2. 连接反应一般在 12～16℃过夜或在 4℃过夜进行。

六、作业

1. 分析影响连接效率的因素。

2. 选择合适载体的依据是什么?

实验五十二　植物总 RNA 的提取

一、实验目的

1. 了解真核生物 RNA 提取的基本原理与方法。

2. 掌握提取 RNA 的方法和步骤。

3. 了解 RNA 纯度的检测。

二、实验原理

DNA、RNA 和蛋白质是三种重要的生物大分子,是生命现象的分子基础。DNA 的遗传信息决定生命的主要性状,而 mRNA 在信息传递中起很重要的作用。其他两大类 RNA 即 rRNA 和 tRNA,同样在蛋白质的生物合成中发挥不可替代的重要功能。因此 mRNA、rRNA、tRNA 在遗传信息由 DNA 传递到表现生命性状的蛋白质的过程中举足轻重。

本实验使用一种新型的总 RNA 抽提试剂(Trizol)。Trizol 试剂由苯酚和硫氰酸胍配制而成,是直接从细胞或组织中提取总 RNA 的试剂。Trizol 试剂在匀浆和裂解细胞时能保持 RNA 的完整性。裂解液加入 β-巯基乙醇能迅速裂解细胞和灭活细胞 RNA 酶,用氯仿抽提离心,样品分成水样层和有机层。RNA 存在于水样层中,收集上面的水样层后,RNA 可以通过异丙醇沉淀来还原。在除去水样层后,样品中的 DNA 和蛋白也能相继以沉淀的方式还原。使用乙醇调节结合条件后,RNA 在高离序盐状态下选择性吸附于离心柱内硅基质膜,再通过一系列快速的漂洗—离心的步骤,去蛋白液和漂洗液将细胞代谢物、蛋白等杂质去除,最后使用低盐的不含 RNA 酶的去离子水将纯净 RNA 从硅基质膜上洗脱。

三、实验器材与试剂

1. 仪器、用具:研钵、离心管、离心机、移液枪、收集管、吸附柱、水浴锅。

2. 材料:新鲜植物组织。

3. 试剂:Trizol 试剂、β-巯基乙醇、乙醇、去蛋白液(RW1)、蛋白漂洗液(RW)、无菌水。

四、实验步骤

1. 取新鲜植物组织称重后取 50～100 mg 迅速剪成小块放入研钵,在液氮中磨成粉末,注意研磨要迅速,将粉末移入离心管,加入 10 倍体积 Trizol 试剂(预先加入 β-巯基乙醇)让组织和 Trizol 试剂立刻充分接触以抑制 RNA 酶活性。

2. 抽提液室温放置 5 min,然后以每 1 mL Trizol 液加入 0.2 mL 的比例加入氯仿,盖紧离心管,剧烈摇晃振荡 15 s,12 000 r/min 离心 5～10 min。

3. 移取最上层水相于一新的离心管,按每 1 mL Trizol 液加 0.5 mL 无水乙醇的比例加入无水乙醇,此时可能出现沉淀,但是不影响提取过程,立即吹打混匀,不要离心。

4. 将混合物(每次小于 700 μL,量多可以分两次加入)加入一个吸附柱中,吸附柱放入收集管中,13 000 r/min 离心 60 s,弃掉废液。

5. 加 700 μL 去蛋白液 RW1,室温放置 30 s,12 000 r/min 离心 30 s,弃掉废液。如果 DNA 残留明显,可在加入 RW1 后室温放置 5 min 后再离心。

6. 加入 500 μL 漂洗液 RW(请先检查是否已加入无水乙醇),12 000 r/min 离心 30 s,弃掉废液。加入 500 μL 漂洗液 RW,重复一遍。

7. 将吸附柱放回空收集管中,13 000 r/min 离心 2 min,尽量除去漂洗液,以免漂洗液中残留乙醇抑制下游反应。

8. 取出吸附柱 RA,放入一个无 RNA 酶的离心管中,根据预期 RNA 产量在吸附膜的中间部位加 30～50 μL 不含 RNA 酶的去离子水(事先在 70～90℃ 水浴中加热效果更好),室温放置 1 min,12 000 r/min 离心 1 min。

9. 如果预期 RNA 产量>30 μg,加 30～50 μL 不含 RNA 酶的去离子水重复步骤 8,合并两次洗脱液,或者使用第一次的洗脱液加回到吸附柱重复步骤一遍。

五、实验注意事项

1. 实验过程中注意杜绝外源酶的污染,严格戴好口罩,手套。实验所涉及的离心管、移液器吸头、移液器杆、电泳槽、实验台面等要彻底处理。实验所涉及的试剂,尤其是水,必须确保不含 RNA 酶。

2. 裂解液和去蛋白液中含有刺激性化合物,操作时要戴乳胶手套,避免沾染皮肤、眼睛和衣服。若沾染皮肤、眼睛时,要用大量清水或者生理盐水冲洗。

六、作业

1. RNA 酶的变性或失活剂有哪些? 其中在总 RNA 的抽提中主要可用哪几种?
2. 怎样从总 RNA 中进行 mRNA 的分离和纯化?

实验五十三　植物 cDNA 的合成

一、实验目的

掌握植物 cDNA 合成的原理和方法。

二、实验原理

反转录酶又称依赖于 RNA 的 DNA 聚合酶,具有多种活性。真核生物基因多为断裂基因,编码区不连续,需经转录后加工才能成为成熟 mRNA。在体外以真核生物 mRNA 为模板合成 cDNA,从而获得有连续氨基酸编码的 DNA 序列,可在原核细胞中表达。反转录酶主要用于体外 cDNA 的合成。目前最常用的反转录酶(reverse transcriptase)具有依赖于 RNA 或 DNA 的 DNA 聚合酶活性和核糖核酸酶 H(RNase H)酶活性,可以以 RNA 为模板,指导三磷酸脱氧核苷酸合成互补 DNA。形成的 DNA 是与 RNA 模板互补的,因而反转录产生的 DNA 分子称之为 cDNA。

三、实验器材与试剂

1. 仪器、用具:紫外分光光度计、离心机、冰盒、口罩、手套、EP 管架、超净工作台、移液器、焦碳酸二乙酯(DEPC)处理过的枪头、EP 管等。

2. 材料:植物总 RNA 溶液。

3. 试剂:5×反转录缓冲液、2.5 mM 脱氧核苷三磷酸(dNTPs)、RNA 酶抑制剂(30 U/μL)、反转录酶(M-MLV Reverse Transcriptase)、多聚胸腺嘧啶引物[Oligo(dT)18 primer]、无菌的 DEPC 水等。

四、实验步骤

1. 在超净工作台上吸取 1 mL 无菌水到 EP 管中,加入 2 μL 植物总 RNA 溶液,充分混匀,在紫外分光光度计上测定 260、280 nm 的光吸收值(OD 值),然后计算 RNA 的浓度并分析其纯度。

2. 在 DEPC 处理过的 EP 管中加入约 4 μg 总 RNA 和 1 μL 0.5 μg/μL 的 Oligo(dT)18 primer,小心混匀,70℃保温 5 min,立即浸入冰水中。

3. 按表 6-5 的次序分别加入下列试剂:

表 6-5　反转录体系

组分	体积
5×反转录缓冲液	5 μL
dNTPs(2.5 mM)	2 μL
RNA 酶抑制剂(30 U/μL)	1 μL
反转录酶	1 μL
DEPC 水	16 μL
反应体系	25 μL

4. 小心混匀,室温离心 5 s,将所有溶液收集到管底,37℃保温 1 小时。

5. 90℃处理 5 min,冰上冷却。

6. 用于 PCR 扩增或−20℃保存备用。

五、实验注意事项

1. 实验过程中戴手套进行操作,严防 RNA 酶污染。

2. 当特定 mRNA 由于含有使反转录酶终止的序列而难于拷贝其全长序列时,可采用随机六聚体引物来拷贝全长 mRNA。用此种方法时,体系中所有 RNA 分子全部充当了 cDNA 第一链模板,PCR 引物在扩增过程中赋予所需要的特异性。通常用此引物合成的 cDNA 中 96% 来源于 rRNA。多聚胸腺嘧啶引物是一种对 mRNA 特异的方法。最特异的引发方法是用含目标 RNA 的互补序列的寡核苷酸作为引物,若 PCR 反应用两种特异性引物,第一条链的合成可由与 mRNA 3'端最靠近的配对引物起始。用此类引物仅产生所需要的 cDNA,导致更为特异的 PCR 扩增。

六、作业

1. cDNA 合成引物的选择很关键,引物选择的原则?

2. cDNA 合成的意义?

实验五十四　外源基因的表达检测

一、实验目的

1. 掌握外源基因在原核细胞中表达的特点和方法。
2. 了解 SDS - PAGE 的制备及其分离原理。
3. 运用 SDS - PAGE 测定蛋白质分子量及染色鉴定。

二、实验原理

聚丙烯酰胺凝胶是由单体丙烯酰胺和交联剂甲叉双丙烯酰胺在加速剂四甲基乙二胺和引发剂过硫酸铵的作用下聚合交联而成的三维网状结构凝胶,具有分子筛效应。它有两种形式:非变性聚丙烯酰胺凝胶(Native - PAGE)及 SDS -聚丙烯酰胺凝胶(SDS - PAGE)。非变性聚丙烯酰胺凝胶,在电泳的过程中,蛋白质能够保持完整状态,并依据蛋白质的分子量大小、蛋白质的形状及其所附带的电荷量而逐渐呈梯度分开。

而 SDS -聚丙烯酰胺凝胶仅根据蛋白质亚基分子量的不同就可以分开蛋白质。该技术最初由 Shapiro 于 1967 年建立,他们发现在样品介质和丙烯酰胺凝胶中加入离子去污剂和强还原剂(SDS——十二烷基硫酸钠)后,蛋白质亚基的电泳迁移率主要取决于亚基分子量的大小。

三、实验器材与试剂

1. 仪器、用具:离心机、摇床、手套、EP 管架、超净工作台、移液器、EP 管、垂直板型电泳槽、直流稳压电源、玻璃板、水浴锅、染色槽、烧杯、吸量管等。
2. 材料:大肠杆菌。
3. 试剂:低分子量标准蛋白质、胰蛋白胨、酵母浸出物、氯化钠等。

四、实验步骤

1. 将接种好的平皿倒置放入 37℃的恒温培养箱中培养,大约十几小时后长出菌落。
2. 挑取生长状态好,特征明显的单个菌落,接种于新鲜灭菌的 LB 液体培养基中,37℃,220 r/min 恒温振荡过夜培养 9~12 小时。菌落特征:乳白色,圆形,菌落边缘整齐,表面光滑,表面和背面颜色一致。
3. 目的蛋白的表达:振荡过夜培养后,取菌液按 1∶50 接种到新鲜 LB 培养基中,培养 2 小时后至 OD600＝1.5~2.0,加入异丙基-β-D-硫代半乳糖苷(IPTG)诱导目的蛋白表达,培养 3 小时后收集菌体,SDS - PAGE 凝胶电泳检测目的蛋白表达情况。

五、实验注意事项

1. 通过表达载体将外源基因导入宿主菌,并指导宿主菌的酶系统合成外源基因。
2. 外源基因与表达载体连接后,必须形成正确的开放阅读框架。

六、作业

1. 外源基因在大肠杆菌中诱导表达的原理?
2. 利用 SDS - PAGE 分离蛋白的原理?

实验五十五　琼脂糖凝胶电泳

一、实验目的

1. 掌握琼脂糖凝胶电泳分离 DNA 的原理和方法。
2. 学习检测质粒 DNA 纯度、浓度与分子量的方法。

二、实验原理

琼脂糖凝胶电泳是用琼脂或琼脂糖作支持介质的一种电泳方法。琼脂糖是从海藻中提取出来的一种杂聚多糖,遇冷水膨胀,溶于热水成溶胶,冷却后成为孔径范围从 50 nm 到大于 200 nm 的凝胶。琼脂糖凝胶具有网络结构,物质分子通过时会受到阻力,DNA 分子在琼脂糖凝胶中泳动时有电荷效应和分子筛效应。根据 DNA 分子量不同,采用外加电场使其分开,DNA 分子在 pH 高于等电点的溶液中带负电荷,带负电的核酸分子向正极迁移。由于糖-磷酸骨架在结构上的重复性质,相同数量的双链 DNA 几乎具有等量的净电荷,因此它们能以同样的速率向正极方向移动。实验室常用的核酸染料是溴化乙锭(EB),染色效果好,操作方便,但是稳定性差,具有毒性。生物染料在紫外光照射下能发射荧光,当 DNA 样品在琼脂糖凝胶中从负极向正极泳动时,生物染料从正极向负极移动,嵌入 DNA 分子中形成络合物,使 DNA 在紫外光下发射很强的荧光。在生物染料足够的情况下,荧光的强度正比于 DNA 的含量,这样就可以检测 DNA 的浓度。

三、实验器材与试剂

1. 仪器、用具:移液器、吸管头若干、高压灭菌锅、电泳仪、琼脂糖平板电泳装置、微波炉、凝胶成像系统、量筒、三角瓶等。
2. 材料:PCR 扩增样品。
3. 试剂:TAE 电泳缓冲液、琼脂糖凝胶、2×载样缓冲液、EB 母液、DNA 标准分子量标记物。

四、实验步骤

1. 胶液的制备:准确称取 0.2 g 琼脂糖干粉,加入盛有 20 mL TAE 电泳缓冲液的三角瓶中,放入微波炉里加热至琼脂糖全部熔化,沸腾,取出摇匀。
2. 胶板的制备:用封边带将有机玻璃胶槽两端紧密封住。将封好的胶槽置于水平支架上,插上样品梳子。

3. 将冷却至 50～60℃的温热琼脂糖溶液倒入胶槽内,使胶液形成均匀的胶层,检查有无气泡。

4. 室温下,待凝胶溶液完全凝固,约 30 min 后小心拔出梳子和挡板,将凝胶放入电泳槽中。

5. 加入电泳缓冲液(TAE)至电泳槽中,使液面刚好没过胶面约 1 mm。

6. 加样:取 2 μL PCR 样品与 2 μL 2×载样缓冲液混匀,用微量移液器及一次性吸头小心加入样品槽中。小心操作,避免损坏凝胶或将样品槽底部凝胶刺穿。DNA 标准分子量标记物应分别加至样品孔的左侧和右侧的两个孔内。

7. 电泳:加完样后,关上电泳槽盖,接好电极插头,打开电泳仪电源,按照需要调节电压至 160 V,电泳开始,阳极和阴极由于电解作用将产生气泡。

8. 当溴酚蓝条带移动到距凝胶前沿约 1 cm 时,关闭电源,停止电泳。

9. 取出凝胶,在紫外观测仪上观察电泳结果。在波长为 302 nm 紫外灯下拍照观察。

五、实验注意事项

1. 缓冲系统:在没有离子存在时,电导率最小,DNA 不迁移或迁移极慢;在高离子强度的缓冲液中,电导很高并产热,可能导致 DNA 变性,因此应注意缓冲液的使用是否正确。长时间高压电泳时,常更新缓冲液或在两槽间进行缓冲液的循环是可取的。

2. 制备凝胶所加缓冲液应与电泳槽中的缓冲液一致,溶解的凝胶应及时倒入板中,避免倒入前凝固结块。倒入板中的凝胶应避免出现气泡,影响电泳结果。

3. 加样量的多少依据加样孔的大小及 DNA 中片段的数量和大小而定,过量会造成加样孔超载,从而导致拖尾,对于较大的 DNA 此现象更明显。

六、作业

1. DNA 分子在碱性环境中带什么电荷? 电泳时向哪一极移动?

2. 质粒 DNA 有哪些构型? 其迁移率有何差异?

实验五十六　蛋白质免疫印迹法

一、实验目的

1. 掌握蛋白质免疫印迹法(Western Blotting)鉴定目标蛋白的原理和方法。
2. 了解抗原抗体结合反应的影响因素。

二、实验原理

　　蛋白质免疫印迹法是一种用特异性抗体检测某特定抗原的一种蛋白质检测技术。蛋白免疫印迹是将经聚丙烯酰胺凝胶电泳分离后的细胞或组织蛋白质从凝胶转移到固相载体硝酸纤维素薄膜或尼龙膜上,固相载体以非共价键形式吸附蛋白质,且能保持蛋白质生物学活性不变。以固相载体上的蛋白质为抗原,通过特异性抗体对凝胶电泳处理过的细胞或生物组织样品进行着色,经过底物显色或放射自显影以检查电泳分离的特异目的蛋白成分。

　　蛋白质印迹技术结合了凝胶电泳分辨力高和固相免疫测定特异性高、敏感等诸多优点,能从复杂混合物中对特定抗原进行鉴别和定量检测。印迹法需要较好的蛋白质凝胶电泳技术,使蛋白质样品达到良好的分离效果,而且要注意胶的质量,蛋白质容易转移到固相支持物上,另外蛋白质在电泳过程中分离得到的条带被保留在膜上。

三、实验器材与试剂

1. 仪器、用具:移液器、吸管头若干、夹心式电泳槽、转移电泳槽、电泳仪等。
2. 材料:人血清、硝酸纤维素膜。
3. 试剂:30％丙烯酰胺贮备液、0.5 mol/L 三羟甲基氨基甲烷盐酸盐(Tris‐HCl)(pH 6.8)、3 mol/L Tris‐HCl(pH 8.9)、10％过硫酸铵(临用前用蒸馏水配制)、10％十二烷基硫酸钠(SDS)、10％四甲基乙二胺(TEMED)、电极缓冲液、样品缓冲液、考马斯亮蓝 R250 染色液、脱色液、Tris 缓冲盐溶液(TBS)、含吐温 Tris 缓冲盐溶液(TTBS)、封闭液及抗体稀释液、底物溶液。

四、实验步骤

(一) SDS 聚丙烯酰胺凝胶电泳

　　1. 灌胶前的准备:将两块玻璃板轻轻洗净,先用自来水冲洗,再用去离子水冲洗干净后立在筐里晾干或用吹风机吹干。玻璃板对齐后放入凹槽中卡紧,两块玻璃板之间就形成了凝胶室。操作时要使两玻璃板对齐,以免漏胶。

2. 配制胶液见表 6 - 6。

表 6 - 6　SDS 聚丙烯酰胺凝胶配置

胶液浓度%	分离胶	浓缩胶
	12%	4%
30%贮备液(mL)	3.2	0.53
分离胶缓冲液(mL)	2	—
浓缩胶缓冲液(mL)	—	1.0
去离子水(mL)	2.66	2.36
10%SDS(μL)	80	40
混匀后再加入以下试剂:		
10%TEMED(μL)	80	40
10%过硫酸铵(μL)	40	20
总体积(mL)	8	4

3. 灌胶:按表 6 - 6 的比例配 12%分离胶,加入 TEMED 后立即摇匀即可灌胶。将配制好的分离胶液倒入两块玻璃板之间的凝胶室中,可用 10 mL 移液枪吸取 5 mL 胶沿玻璃注入,待胶液加至距短玻璃板顶端约 1.5 cm 处时停止灌胶,然后胶上加一层水,以保持分离胶面平整,同时隔绝空气,液封后的胶凝得更快。待凝胶和水之间出现清晰界面时,说明分离胶已聚合。倾去分离胶上层的水,将配制好的浓缩胶液加到分离胶上,至接近短玻璃板的顶端,插上样品梳,放置待其聚合。

4. 配制电极缓冲液:甘氨酸 14.1 g,SDS 0.5 g,Tris 3 g,加水至 1 000 mL,pH 8.3。每组配 1 000 mL。

5. 制样:5 μL 人血清,加 45 μL 去离子水,再加 50 μL 加样缓冲液。沸水浴加热 8 min,10 000 r/min 离心 2 min,取上清液作为样品。

6. 加样:用水冲洗浓缩胶,将其放入电泳槽中。用微量进样器加样,中间槽加入 5 μL 分子量标准蛋白样品,两旁槽各加入 10 μL 人血清样品。稳压 40 V 电泳,也可用 60 V,电泳时间一般 4～5 小时,当溴酚蓝前沿刚跑出即可停止电泳,进行转膜。

7. 切胶:根据切割线,先竖切后横切,宽胶条为两泳道,含人血清样和分子量标准蛋白样,考马斯亮蓝 R250 全蛋白染色。窄胶条为一泳道,为人血清样,转印后对目标蛋白免疫染色。

(二) 转印蛋白质到硝酸纤维素膜上

1. 准备:6 张 7.0～8.3 cm 的滤纸和 1 张 7.3～8.6 cm 的硝酸纤维素膜,将宽胶条放到培养皿中,用蒸馏水清洗后,将切好的硝酸纤维素膜置于水中浸 2 小时才可使用。切滤纸和膜时一定要戴手套,因为手上的蛋白会污染膜。

2. 放置硝酸纤维素膜和胶条：

（1）切割与胶尺寸相符的硝酸纤维素膜，用转移缓冲液或水浸泡 5 min 使之湿润。

（2）准备 2 张滤纸和海绵一起浸泡在转移缓冲液中。

（3）打开转移槽的胶板，依次放入：① 一张浸湿的海绵；② 一张浸湿的滤纸；③ 用转移缓冲液冲洗过的胶，并小心地赶走滤纸和胶之间的气泡；④ 硝酸纤维素膜，在膜的右下角剪一小角，以标明电泳方向；⑤ 一张浸湿的滤纸；⑥ 一张浸湿的海绵。

3. 转移：小心地合上胶板，以胶侧为负极，膜侧为正极的方向放入转移电泳槽中，加转移缓冲液至满。插好转移电泳装置的电极，打开电泳仪开关调至稳压 60V，电泳 1 小时，转移结束后打开胶板取出硝酸纤维素薄膜。

（三）膜的酶联免疫染色

1. 封闭：用 TBS 缓冲液洗膜 1 min 后，将膜封入塑料薄膜袋内，留一开口。加封闭液 1 mL 后封闭开口，37℃摇床上摇动 30 min。

2. 加封闭液及抗体

（1）与第一抗体结合

弃封闭液，加入适当稀释的 1 mL 第一抗体溶液，封口后 37℃摇床上轻轻摇动 50 min。取出膜，用 TTBS 洗膜 3 次，每次 1 min。再封入一新的塑料薄膜袋内。

（2）与酶标第二抗体结合

加入适当稀释的 1 mL 辣根过氧化物酶标记羊抗兔 IgG，37℃摇床上轻轻摇动 50 min。取出膜，用 TTBS 洗 3 次，每次 1 min，最后用 TBS 溶液洗 1 次，以去除吐温（Tween - 20）。

（3）加底物溶液显色

将膜浸入 10 mL 底物溶液中，至显色清楚后，用水清洗，以除去多余的底物，转入水中保存。

3. 结果分析：在凝胶成像分析系统上照相，并分析结果。

五、实验注意事项

1. 丙烯酰胺和甲叉双丙烯酰胺有神经毒性，注意不要沾在皮肤上，如有沾染可用水洗净。聚合成聚丙烯酰胺后毒性即消失。

2. 如果出现非特异性的高背景，可观察仅用二抗单独处理转印膜所产生的背景强度，若高背景确由二抗产生，可适当降低二抗浓度或缩短二抗孵育时间；并考虑延长每一步的清洗时间。

3. 如果反应灵敏度不高，可增加凝胶的厚度到 1.5 mm（厚度超过 2.0 mm 时，凝胶转移效率受限）；也可在电泳条带不发生变形的前提下，尽量提高蛋白样品的上样量。

六、作业

1. 请问 12％的分离胶适合分离多少分子量范围的蛋白质？

2. 不加封闭液会产生什么样的结果？

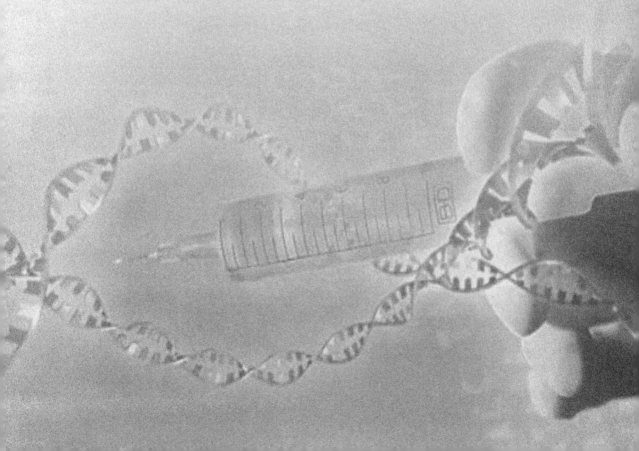

第七章

生化工程实验

实验五十七　猪胰糜蛋白酶的制备和纯度鉴定

一、实验目的

1. 学习胰糜蛋白酶的纯化及其结晶的基本方法。
2. 掌握聚丙烯酰胺凝胶电泳法测定蛋白质纯度。
3. 学习紫外法测定酶溶液中蛋白质含量的原理。
4. 掌握用苯甲酰-L-精氨酸乙酯法(BAEE)测定蛋白酶活力。

二、实验原理

新鲜猪胰中含有丰富的蛋白水解酶、胰蛋白酶、糜蛋白酶、弹性蛋白酶等。由于糜蛋白酶具有能分解蛋白、抗凝结和消炎的特性,它可用于医疗领域。糜蛋白酶能切断蛋白质肽链中酪氨酸和苯丙氨酸的羧端肽链,因而能清创消脓,消化脓汁和坏死组织,助长新生肉芽的生长。从动物胰脏中提取胰糜蛋白酶时,一般是用稀酸溶液将胰腺细胞中含有的酶原提取出来,然后再根据等电点沉淀的原理,调节 pH 至酸性(pH 3.0 左右),使大量的酸性蛋白沉淀析出。经溶解后,以极少量活性胰蛋白酶激活,使其酶原转变为有活性的胰糜蛋白酶,被激活的酶溶液再以盐析分级的方法除去胰蛋白酶及弹性蛋白酶等组分。收集含胰糜蛋白酶的组分,并用结晶法进一步分离纯化。一般经过 2~3 次结晶后,可获得相当纯的胰糜蛋白酶。

糜蛋白酶能催化蛋白质的水解,分解蛋白质、酰胺和酯中的肽键,糜蛋白酶对这些键的敏感性次序为:酯键＞酰胺键＞肽键。因此可利用含有这些键的酰胺或酯类化合物作为底物来测定糜蛋白酶的活力。检测糜蛋白酶活力的方法是通过在 25℃恒温下水解底物 N-乙酰-L-酪氨酸乙酯,生成在 237 nm 紫外光下具有更低吸光值的 N-乙酰-L-酪氨酸,依据吸光值的变换率计算酶活力。本实验就是以 N-乙酰-L-酪氨酸乙酯为底物,用紫外吸收法测定糜蛋白酶活力。

三、实验器材与试剂

1. 仪器、用具:剪刀、镊子、烧杯、量筒、搪瓷盘、绞肉机、离心机、布氏漏斗、抽滤瓶、恒温水浴锅、紫外分光光度计、纱布、pH 试纸、冰箱、真空干燥器、真空泵、垂直平板电泳仪、研钵、小塑料桶。
2. 材料:新鲜或冰冻猪胰脏。
3. 试剂:

pH 2.5~3.0 乙酸酸化水、2.5 mol/L H_2SO_4、5 mol/L NaOH、硫酸铵、氯化钙、2 mol/L NaOH、2 mol/L HCl、0.01 mol/L HCl、5 mol/L 硫酸。

0.8 mol/L，pH 9.0 硼酸缓冲液：取 20 mL 0.8 mol/L 硼酸溶液，加 80 mL 0.2 mol/L 四硼酸钠溶液，混合后，用 pH 计调酸碱度。

0.4 mol/L pH 9.0 硼酸缓冲液（用 0.8 mol/L，pH 9.0 硼酸缓冲液稀释 1 倍即可）。

0.2 mol/L pH 8.0 硼酸缓冲液：取 70 mL 0.2 mol/L 硼酸溶液，加 30 mL 0.5 mol/L 四硼酸钠溶液，混合后，用 pH 计调酸碱度。

Tris 缓冲液配制（0.05 mol/L，pH 8.0）：称 1.514 1 g Tris 溶解于 200 mL 去离子水中，加入 $CaCl_2$，将其配制成在最终 3.2 mL 反应体系中 Ca^{2+} 浓度为：0、1 mmol/L、5 mmol/L、10 mmol/L、15 mmol/L、20 mmol/L，加 1 mol/L 稀盐酸调 pH 至 8.0，加水定容至 250 mL。

底物溶液配制：分别称取 25.4 g N-乙酰-L-酪氨酸乙酯一水合物混于 50 mL 磷酸缓冲液和含不同 Ca^{2+} 浓度的 Tris 缓冲液中，温热使其溶解，冷却后再定容至 100 mL（新鲜配制）。

四、实验步骤

1. 胰糜蛋白酶原的提取与分离

（1）选取新鲜冷冻猪胰，称取 500 g 新鲜猪胰脏，剥除脂肪和结缔组织，剪成小块，加 2~3 倍体积预冷却的 pH 2.5~3.0 乙酸酸化水溶液，然后用绞肉机直接粉碎成浆状（按 1 g 组织相当于 1 mL 体积计算）。检查提取液 pH，若高于 pH 3.0 时应及时用 10% 乙酸调节，使提取液维持 pH 2.5~3.0。在冷库 2~8℃搅拌提取 18~24 小时，而后用 4 层纱布过滤，尽量拧挤出滤液，滤液呈乳白色，用约 300 mL pH 2.5~3.0 乙酸酸化水再提取残渣一次（时间为 1~2 小时），再次用纱布过滤，合并两次滤液。此时滤液 pH 较高，可用 5 mol/L H_2PO_4 溶液调整 pH 至 2.5~3.0，放置 3~5 小时后，混浊滤液冷却后，用玻璃漏斗进行自然过滤，滤液呈黄色透明状，收集滤液，量其总体积，弃去沉淀物，沉淀物装袋后按照环保要求处理。

（2）盐析：在上述滤液中慢慢加入固体硫酸铵至 70% 饱和度。在冰箱 2~8℃中放置过夜，次日吸取上清液弃去，用 4 000 r/min 离心收集底层沉淀，用 1~5 倍重量的冰水溶解离心沉淀，加入 0.1~1 倍重量的饱和硫酸铵溶液，调节 pH 至 4~6，在 20~30℃下保温静置 40~60 小时使糜蛋白酶原充分结晶，过滤得到糜蛋白酶原粗品，滤液回收。

（3）胰糜蛋白酶原的激活：将胰蛋白酶原粗制品用 5~15 倍体积的冷去离子水溶解，溶液呈乳白色，量其体积，取出 1 mL 溶液用于测定溶液中硫酸铵含量（约为滤饼重的 1/4）。因为硫酸铵可以与活化剂钙离子结合生成硫酸钙，如果钙离子过少会直接影响胰酶原的激活过程，按浓度量计算，将已研细的固体 $CaCl_2$ 慢慢加入酶原溶液中，边加边搅拌均匀。用 5 mol/L NaOH 溶液调 pH 至 8.0。在每升酶溶液中加入 3~10 mg 猪胰蛋白酶,轻轻搅拌均匀,置 4℃冰箱中使酶原活化,酶解后的溶液离心得到酶解液。

（4）纯化:去除杂蛋白,量取糜蛋白酶溶液体积后,用 5 mol/L 硫酸溶液调节滤液 pH 至 2.5～3.0,抽滤除去硫酸钙沉淀,滤液体积约 1 000 mL,加入已经研细的硫酸铵粉末,使其溶液达 40%饱和度(每升滤液加 242 g 硫酸铵)。放置 4℃冰箱中 5～8 小时,抽滤除去沉淀。

（5）真空冷冻干燥得到成品:采用真空冷冻干燥技术,将酶液直接冷冻干燥,得到成品。

2. 胰糜蛋白酶活性的测定

（1）称取 85.7 mg N-乙酰-L-酪氨酸乙酯溶解于含有 Ca^{2+} 的碱性缓冲液中,得到底物溶液备用;此底物溶液在 2 小时内使用。

（2）称取 0.1g 糜蛋白酶,加 0.001 2 mol/L 盐酸溶解定容至 100 mL,再取出 5 mL 用 0.001 2 mol/L 盐酸稀释至 100 mL,作为供试品液备用,4℃保存。

（3）将底物溶液和供试品液分别置于 25℃水浴锅中预热 5 min,吸取 20 μL 糜蛋白酶溶液,注入已装有 3 mL 底物溶液的比色皿中,迅速摇匀后即在 237 nm 处测定光吸收值的变化,每 30 s 读数一次,读数 5 min,吸光度的变化率应恒定,恒定时间不得少于 3 min,若变化率不能保持恒定,则用其他酶浓度另行测定。每 30 s 的吸光度变化率应控制在 0.008～0.012,以吸光度为纵坐标,时间为横坐标作图,取在 3 min 内成直线部分的吸光度。

（4）酶活力的计算:按酶活力单位定义计算酶活力,在 pH 7.0 反应体系中,25℃反应 10 min 条件下吸光度每分钟改变 0.007 5,即相当于 1 个糜蛋白酶单位。

3. 聚丙烯酰胺凝胶电泳(SDS-PAGE)测定蛋白质纯度

（1）制备 15%SDS-PAGE 胶,具体方法参考 SDS-PAGE 胶制备实验。

（2）样本制备:具体方法见 SDS-PAGE 实验。

（3）点样:取出胶板下端胶条,再将胶板固定在电泳槽上,凹板一侧向内,在上下槽装电极缓冲液,轻轻拔出电泳梳子,用微量进样器点样,每孔约 20 μL。在上槽内滴几滴溴酚蓝指示剂,排出下槽板间气泡。

（4）电泳:接通恒流电源,调节电流到每孔 1 mA 左右,当溴酚蓝前沿进入分离胶后,可适当加大电流,待示踪染料下行到距胶末 1 cm 处,即可停止电泳。

（5）剥胶、染色:将凝胶板取下,放入装水瓷盘中,剥下胶片并浸洗两次。倒去水,加入显色液(联苯胺),显色,观察记录。

五、实验注意事项

1. 胰脏必须是刚屠宰的新鲜组织或立即低温存放的,否则可能因组织自溶而导致实验失败。

2. 三羟甲基氨基甲烷盐酸(Tris-HCl)缓冲液不与 Ca^{2+} 形成沉淀,保证反应体系溶液均一稳定,利于紫外光检测,在含有 Tris-HCl 的碱性体系中加入 Ca^{2+} 起到稳定糜蛋白酶的作用,吸光值变化恒定,同时能提高酶活力,降低检测下限,减少样品成本。

六、作业

1. 试述硫酸铵沉淀法沉淀蛋白质的基本原理。
2. 如何进一步确定提取出的蛋白酶有活性?

实验五十八　生长激素蛋白表达与复性

一、实验目的

1. 了解克隆基因表达的方法和意义。

2. 掌握 SDS-聚丙烯酰胺凝胶电泳实验原理及操作规程。

3. 学习蛋白复性的基本方法。

二、实验原理

生长激素又称为促生长激素,是一种由脑垂体前叶分泌的多肽类激素。生长激素能够调节控制动物的内分泌机制,提高新陈代谢,促进发育并刺激生长。生长激素作为一种蛋白质药物用于治疗生长激素缺乏等症在临床应用多年,关于生长激素适应证的研究始终没有间断。本实验利用大肠杆菌表达、复性、纯化获得生长激素并且对其进行了鉴定。

三、实验器材与试剂

1. 仪器、用具:冷冻高速离心机、超净工作台、超低温冰箱、恒温摇床、移液枪、垂直电泳槽、电泳仪、水浴锅、培养皿、酶标板、枪头、离心管、湿盒。

2. 材料:过夜培养的大肠杆菌 BL2l(DE3)平板、生长激素基因片段的 pET-32a 融合型表达载体。

3. 试剂:蛋白胨、酵母提取物、NaCl、$CaCl_2$、卡那霉素(Kan^+)、异丙基-β-D-硫代半乳糖苷(IPTG)、包被稀释液、封闭液、小牛血清、磷酸缓冲盐溶液(PBS)、洗涤液、KH_2PO_4、Na_2HPO_4、KCl、吐温(Tween 20)、叠氮钠、酶标第二抗体(羊抗兔)、底物液(四甲基联苯胺-过氧化氢尿素溶液)、终止液、0.9%生理盐水、漂洗缓冲液、洗脱缓冲液。

四、实验步骤

1. 大肠杆菌感受态细胞制备及质粒转化

(1) 挑取大肠杆菌 BL2l(DE3)菌落接种于 5 mL 无抗生素的液体培养基中,37℃振荡培养过夜。

(2) 以 1∶100 的比例吸取过夜菌液加入 25 mL 液体培养基中,37℃,2 000 r/min 振荡培养 2~3 小时至 OD600 达到 0.5 左右(OD600 0.4~0.6)。

(3) 将 25 mL 菌液移至预冷的 50 mL 聚丙烯离心管中,在冰上放置 30 min,使培养物冷却到 0℃。

(4) 于 4℃, 4 000 r/min 离心 10 min, 弃上清液。每 10 mL 菌液用 2 mL 预冷的 0.1 mol/L 的 $CaCl_2$ 重悬每份沉淀, 放置于冰浴内 30 min。

(5) 于 4℃, 以 4 000 r/min 离心 10 min, 回收细胞。每 10 mL 初始培养物用 2 mL 用冰预冷的 0.1 mol/L 的 $CaCl_2$ (含 15% 甘油) 重悬每份细胞沉淀。

(6) 在冰上将细胞分装成小份, 100 μL/份, 置于 −80℃ 冻存。

(7) 取 100 μL 大肠杆菌感受态细胞, 加入适量质粒 (体积不得超过 4 μL) 冰浴 30 min 后, 42℃ 热激 90 s, 马上放回冰上冰浴 2 min; 加 400 μL 培养基, 于 37℃ 摇床慢摇振荡培养 45~60 min; 取 50~100 μL 涂在含有 Kan^+ (100 μg/mL) 的固体培养基上, 37℃ 倒置培养过夜。

2. 蛋白的诱导表达与检测

(1) 从培养板上挑取单一重组质粒转化的菌落大肠杆菌 BL2l(DE3), 接种于 5 mL 含有 Kan^+ 的液体培养液中, 37℃, 250 r/min 振荡培养过夜。

(2) 将上述过夜培养的培养物按照培养基比例 1:20 接种至含有 Kan^+ 的新鲜培养基, 37℃, 250 r/min 振荡培养至 OD600=0.5, 摇瓶中加 IPTG (终浓度为 0.3 mmol/L), 37℃ 诱导 3~4 小时。

(3) 离心收集细菌: 将培养液倒入 50 mL 离心管中, 5 000 r/min 离心 5 min, 弃上清液。沉淀加水冲洗混匀, 再离心, 弃上清液。加 PBS 冲洗混匀, 离心, 弃上清液。加 PBS 混匀成细菌悬液。

(4) 破碎、离心细胞: 4 mL 细菌悬液用超声破碎, 在 25% 输出能量下, 冰浴中进行超声破碎, 每次 5 s, 间歇 5 s, 控制被超声菌液温度在 8℃ 以下, 超声 3 min (探头不能碰到管底和管壁, 且离管底 1 cm 左右), 至溶液透明。

(5) 将溶液分装到 1.5 mL 离心管中, 在 4℃, 10 000 r/min 离心 10~15 min, 弃上清液, 重悬菌体用于 SDS-PAGE 电泳。

3. 包涵体蛋白的纯化与复性

(1) 取 "蛋白的诱导表达与检测" 中的第 (2) 步的产物, 振荡培养至 OD600=0.5 的培养基, 12 000 r/min 离心 15 min, 弃上清液, 将沉淀置于 −20℃ 冻融。

(2) 用 8 mol/L 尿素重溶沉淀: 先用 0.5 mL Tris-HCl 溶液将沉淀吹打成悬浮状, 再加入 20 mL 8 mol/L 尿素, 摇匀, 室温于脱色摇床上摇 20 min, 充分溶解沉淀。

(3) 挂柱: 12 000 r/min, 15℃, 离心 15 min。取上清液与平衡好的镍柱柱料混合, 室温于脱色摇床上摇 20 min。

(4) 洗脱: 用 3~5 个柱体积的漂洗缓冲液进行漂洗, 最后用洗脱缓冲液洗脱, 收集洗脱液。

(5) 透析: 把透析袋剪成适当长度 (10~20 cm) 小段, 在大体积的 2% $NaHCO_3$ 和 1 mmol/L 乙二胺四乙酸 (EDTA) (pH 8.0) 中将透析袋煮沸 10 min。用蒸馏水彻底清洗透析袋, 将洗脱液加入透析袋。

（6）包涵体复性：复性采用梯度透析法，将装有洗脱液的透析袋放入 4 mol/L 尿素中，4℃透析 4～6 小时。从 4 mol/L、2 mol/L、1 mol/L、0.5 mol/L 依次降低透析液中尿素浓度，每个浓度均 4℃透析，4～6 小时换新鲜透析液一次，高速离心去除沉淀。最后用 PBS(pH 7.2)4℃透析过夜，高速离心去除沉淀，超滤浓缩。

4. 生物活性检测

复性蛋白的鉴定需要清楚天然状态下该蛋白的活性，可行的实验方法是可以定量分析；如果想要确定活性蛋白的纯度还必须有完整活性的标准品用于比较，采用酶联免疫吸附实验检测生长激素的生物活性。

（1）包被过程：将所用抗原用包被稀释液稀释到适当浓度，每孔抗原加入 100 μL，置于 4℃下 24 小时，弃去孔中液体。为避免蒸发，酶标板上应加盖或将板平放在底部有湿纱布的金属湿盒中，注意设置空白对照，阴性对照。

（2）封闭酶标反应孔：去除酶标板，将封闭液 5% 小牛血清加满各反应孔，置 37℃封闭 40 min。并去除各孔中的气泡，封闭结束后用洗涤液满孔洗涤 3 遍，每遍 3 min。洗涤方法：吸干孔内反应液，将洗涤液注满板孔，放置 2 min 略做摇动，吸干孔内液，倾去液体后在吸水纸上拍干，连续洗涤 3 次。

（3）加入待检测样品：将稀释好的样品加入酶标反应孔中，每样品至少加双孔，每孔 100 μL，置于 37℃ 40～60 min。用洗涤液满孔洗涤 3 遍，每遍 3 min。注意建立合适的浓度梯度，检测时一般采用 1∶50～1∶400 的稀释度，应采用较大稀释体积进行，一般保证样品吸取量 >20 μL。

（4）加入酶标抗体：酶标抗体根据酶结合物参考工作稀释度进行。每孔加 100 μL 酶标抗体，37℃，45 min，反应结束后用洗涤液满孔洗涤 3 遍，每遍 3 min，洗涤方法同前。注意反应时间过短往往会造成结果不稳定，一般以 30～60 min 为宜。

（5）加入底物液：选用底物液，每孔加入底物 100 μL，置 37℃避光放置 3～5 min，加入终止液显色。注意底物液要现用现配。

（6）终止反应：每孔加入终止液 50 μL 终止反应，于 20 min 内测定实验结果。

（7）结果判断：在酶标仪上检测反应产物，检测波长为 450 nm。检测时一定要首先进行空白孔系统调零。用测定标本孔的吸收值与一组阴性标本测定孔平均值的比值（P/N）表示，当 P/N 大于 2 时作为抗体的效价。

五、实验注意事项

1. 制备感受态细胞时，整个过程必须在冰上进行且保持无菌。

2. 包涵体纯化时，不管是装柱还是上样、洗脱，在整个操作过程中，水或溶液面都不能低于凝胶柱平面。否则，凝胶柱会产生气泡，影响层析效果。样品上柱和洗脱过程，其流速都要慢，分离效果才好。

3. 取用透析袋时必须戴手套保持清洁，使用前在透析袋内装满水然后排出，将之清洗干净，将洗脱液加入透析袋之后，必须确保透析袋始终浸没在透析溶液内。

六、作业

1. 制备感受态细胞需要注意什么问题？
2. 分析影响转化率的因素。
3. 分析影响 SDS - PAGE 电泳效果的主要原因。

实验五十九　生物活性多肽合成与鉴定

一、实验目的

1. 以固相有机合成方法进行氨基酸缩合形成所需要的目标多肽链。
2. 掌握固相多肽合成的反应机理。
3. 掌握合成多肽的氨基酸结构及其侧链保护基团。
4. 掌握固相多肽合成的基本操作。

二、实验原理

固相合成就是反应物在合适的溶剂中通过特定载体上面的基团结合成不同的化学键固定在固体载体上,而在氨基酸中不参与反应的活性基团需要保护起来,反应后只需滤除溶解在溶剂中的过量反应元件,最后经特定的切割试剂把目的产物从载体上释放出来。一般在氨基酸耦合连接之前,通常先对氨基酸进行活化,使其产生活性酯的中间体,从而进一步与载体端氨基进行缩合。多肽固相合成又分为叔丁氧羰基(Boc)法和9-芴甲氧羰基(Fmoc)法。叔丁氧羰基(Boc)法中,Boc去除需要高浓度的强酸如氢氟酸、三氟乙酸,反应条件十分剧烈,对设备腐蚀较严重,而9-芴甲氧羰基(Fmoc)法中,Fmoc的去除在碱性条件下10 min就能去除完全,反应温和,应用更为广泛。选择反应条件较温和的Fmoc固相合成的方法定向化学偶联多肽获得最终产物。

三、实验器材与试剂

1. 仪器、用具:台式高速大容量冷冻离心机、液相色谱仪、电子分析天平、可控温摇床、循环水式多用真空泵、5 mL离心管、多肽合成管。

2. 材料:Fmoc-His(Trt)-OH、Fmoc-Aib-OH、Fmoc-Glu(Otbu)-OH、Fmoc-Gly-OH、Fmoc-Thr(tBu)-OH、Fmoc-Phe-OH、Fmoc-Thr(Otbu)-OH、Fmoc-Ser(tBu)-OH、Fmoc-Ala-OH、Fmoc-Tyr(tBu)-OH、Fmoc-Cys(Trt)-OH、RINK-AMIDE树脂(取代度=0.484 mmol/g)。

3. 试剂:乙腈、N,N-二异丙基乙胺(DIEA)、20%哌啶(PIP)、无水乙醚、二甲基甲酰胺(DMF)、三氟乙酸(TFA)、苯甲硫醚、六氢吡啶+DMF(DBLK)、1-羟基苯并三唑(HOBT)、2-(7-氮杂苯并三氮唑)-N,N,N′,N′四甲基脲六氟磷酸酯(HATU)、1,8-二氮杂双环[5.4.0]十一碳-7-烯(DBU)。

四、实验步骤

1. 称取 0.414 g RINKE 树脂(0.2 mmol)至合成管中,加入二甲基甲酰胺试剂溶胀膨化 30 min。取 4 mL DBLK,去保护 10 min,抽滤,再取 5 mL DBLK,去保护 10 min,洗涤 8 次以上。同时,另称取 0.519 g 的精氨酸(R)于 10 mL 规格的样品小瓶中。

2. 根据 DBLK 试剂原料体积配比,取 10 mL 2% DBU,10 mL 2% PIP,480 mL DMF,配制一瓶 500 mL DBLK 试剂。

3. 氨基酸活化,向上述装有精氨酸的样品瓶中依次加入 0.38 g 的 HATU,0.138 g 的 HOBT,并加入二甲基甲酰胺 2 mL 溶解瓶中试剂,再加入 330 μL 的 DIEA。盖紧瓶盖,放入摇床中摇动转动 15 min。

4. 将树脂内液体抽干,加入 20% 哌啶,分两次摇床转动,每次 10 min,每次加入 5 mL。完成后,对树脂进行洗涤,用二甲基甲酰胺冲洗,真空泵抽干,充分洗涤树脂的残留物约 8 次。

5. 将活化后的氨基酸加入树脂内,在摇床转速 180 r/min,温度在室温环境下(25℃),反应偶联 90 min。

6. 反应完成后,洗涤树脂 3 次,用水和茚三酮溶液对少量树脂在 80℃ 以上温度下进行检测,未明显变色即反应完全。若出现树脂变蓝色的情况,则反应要重新进行,重复步骤 5,并再次检测。

7. 依次按照 S、T、F、T、G、E、A、H 的顺序,将氨基酸活化后与树脂进行偶联反应,每偶联一个氨基酸之前,要对树脂进行去保护处理,即重复 4,5,6。

8. 将配置好的 7 mL 裂解液(6.4 mL 三氟乙酸,0.36 mL 巯基乙醇,0.18 mL 苯甲硫醚,0.12 mL 苯甲醚)全部加入树脂合成管内进行裂解,摇匀后,放入摇床中充分裂解。裂解时间至少为 2 小时,并计时。

9. 裂解后,收集裂解液于样品瓶中,用氮气浓缩至 4 mL,再加入冰乙醚 10 mL,产生沉淀后离心。离心完毕后,倒掉上清液,留下底部沉淀。

10. 再分别根据 S-T-F-T-G-E-A-Y;S-T-F-T-G-E-C-H;S-T-F-T-G-E-C-Y;S-T-F-T-G-E-Aib-H;S-T-F-T-G-E-Aib-Y 的顺序依次偶联合成上述 5 条肽,并分别裂解检测。

11. 二肽基肽酶 Ⅳ(DPP-Ⅳ)酶切条件及操作:

(1) 在体外 37℃,50 mmol/L 三乙醇胺-HCl(pH 为 7.8,最终肽浓度 2 mmol/L),用二肽基肽酶 Ⅳ(5 mU)作用 0、2、8 和 24 小时。

(2) 加入 10% 三氟乙酸,终止。

(3) 肠促胰岛素激素(GIP)采用高效液相色谱法,从主要降解产物中分离出完整的 GIP。

(4) 使用 C-4 色谱柱(4.6×250 mm)分离,吸光度是在 206 nm 波长下使用光谱系统紫外 2 000 检测器,吸收峰要手动纯化出来。

(5) 在飞行时间质谱(MALDI-TOF)分析之前,高效液相色谱(HPLC)峰面积数据用于计算在潜伏期的各个时间点。

（6）酶切条件：以上六条多肽的酶切条件一致，确定以上六条多肽酶切 IC_{50} 值（酶切一半多肽所需要的时间）。

（7）酶切后通过液相色谱检测，单峰变成双峰，时间发生改变，成功酶切。

五、实验注意事项

1. 保证在无水环境下操作，以防水对活化酯的影响。

2. HPLC 检测之前，用水溶解后，进行离心处理，将沉淀去除后，取上清液进行检测。

3. 产物应在 $-80℃$ 保存。

4. 质谱检测的样品，应进行冻干处理。

5. 偶联的反应时长应该控制在 3 小时之内，以防大量副产物的生成和副反应的干扰。

六、作业

计算出多肽分子量。

实验六十　双水相萃取 α 淀粉酶的分配平衡实验

一、实验目的

1. 掌握双水相萃取技术的基本原理和主要影响因素。

2. 熟悉聚乙二醇(PEG)/硫酸铵体系双水相萃取实验操作方法。

3. 明确聚乙二醇分子量、硫酸铵浓度、pH 和添加 NaCl 等因素对 α 淀粉酶分配系数的影响。

二、实验原理

α 淀粉酶是广泛应用的生物酶类,其分子量为 48 kD,Pi 约为 5,最适 pH 5.3～6.4,在 pH 4.8～8.5 稳定。用盐析法生产出来的淀粉酶因含有很多杂质,影响了它的效价和应用范围。工业上从发酵液中分离纯化淀粉酶的常用方法主要有三种:① 直接用硫酸铵沉淀;② 絮凝-超滤-乙醇沉淀法;③ 双水相萃取法。直接用硫酸铵沉淀在食品工业中不能应用,絮凝-超滤-乙醇沉淀法要求发酵液澄清度高,否则超滤膜易阻塞,影响膜的通透性和使用寿命。双水相萃取技术与一些传统的分离纯化方法相比,更适合于生物大分子的提取和分离,多应用于萃取胞内酶,最常采用的双水相体系是聚乙二醇/葡聚糖(PEG/DEX)或聚乙二醇/低分子盐系统,其中低分子盐最常采用的是硫酸铵、磷酸钾和硫酸镁。影响双水相系统分配系数的因素:系统组成、聚合物分子量及浓度、盐和离子强度、pH 等,以及目标产物的性质如疏水作用、电荷、等电点等。

双水相萃取技术利用物质在互不相溶的两相中分配系数的差异进行分离纯化,具有体系含水量高,两相界面张力低,有助于保持生物活性和相际质量传递;分相时间短;易于连续操作和工程放大;处理容量大,能耗低;不存在有机溶剂残留等特点。在生化工程中,常用的双水相体系有聚乙二醇/葡聚糖体系和聚乙二醇/盐体系,而后者由于成本低廉且选择性较高,应用更为广泛。本实验采用聚乙二醇/硫酸铵双水相体系研究 α 淀粉酶的分配,具体研究聚乙二醇分子量、硫酸铵浓度、pH 和添加 NaCl 浓度对 α 淀粉酶分配系数的影响。

水性两相的形成条件和定量关系常用相图表示。聚乙二醇/磷酸钾双水相体系相图如图 7-1 所示。T 为上相浓度,B 为下相浓度,C 为系统临界点,TCB 为临界线或双节线,双节线以上为两相区,以下为一相区或均相区。因此两相浓度要足够高才可以形成两相。双水相萃取分配系数 $K=Ct/Cb$,为上相和下相的浓度比。

相图中 TMB 为系线,其长度由相组成的总浓度决定,表征两相差异程度。在临界点附近系线长度趋近于零,表示上相和下相的组成相同,因此分配系数应为 1。随着 PEG、

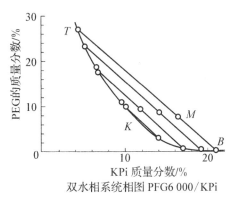

双水相系统相图 PFG6 000/KPi

图 7-1 聚乙二醇/磷酸钾双水相体系相图

硫酸铵和盐浓度增大,系线长度增加,上相和下相相对组成的差别就增加,酶在两相中的分配系数会受到极大的影响。

三、实验器材与试剂

1. 仪器、用具:冷冻离心机、酸度计、涡流混合器、722 型分光光度计。

2. 试剂:聚乙二醇 PEG(分子量分别为 1 000、2 000、4 000、6 000、8 000)、硫酸铵、α 淀粉酶、可溶性淀粉、磷酸氢二钠、磷酸二氢钠、氯化钠、考马斯亮蓝 G250。

四、实验步骤

1. PEG/硫酸铵双水相体系相图绘制

取适量硫酸铵加水溶解,再加入一定量的 PEG 溶液充分搅拌,静置分层后即形成双水相。具体操作如下:配制 40% PEG 1 000 和 43%硫酸铵原液,分别取 0.7 g PEG 1 000、2 000、4 000、6 000 原液,加入 0.5 mL 去离子水,按表 7-1 记录数据。

注意少量多次加入硫酸铵原液,系统出现混浊时记录加入硫酸铵体积,计算重量(43%硫酸铵原液密度为 1.2 g/mL),再加入适量去离子水,使体系变澄清,计量加入的水,再加硫酸铵,使系统再次变混浊,如此反复操作,原液冰箱放置。将数据记录到表 7-1 中,计算系统混浊不同时刻 PEG 和硫酸铵在系统中的质量百分浓度(或质量体积百分比),绘制 PEG 和硫酸铵的双水相相图。

表 7-1 PEG/硫酸铵双水相体系相图绘制数据

次数	H₂O 加量 (g)	(NH₄)₂SO₄溶液加量		纯(NH₄)₂SO₄ 累计量 (g 或 mL)	溶液累计总量 (g 或 mL)	PEG4 000 (%)	(NH₄)₂SO₄ (%)
		(mL)	(g)				
1	0.5						
2	0.3						
3	0.3						

续　表

次数	H₂O 加量 (g)	(NH₄)₂SO₄溶液加量		纯(NH₄)₂SO₄ 累计量 （g 或 mL）	溶液累计 总量 （g 或 mL）	PEG4 000 （%）	(NH₄)₂SO₄ （%）
		（mL）	（g）				
4	0.3						
5	0.5						
6	0.5						

2. 不同 PEG 分子量对双水相萃取 α 淀粉酶分配系数的影响

（1）按图 7 - 2 流程进行操作，配制 40% PEG 2 000、4 000、6 000 和 8 000 和 50% 硫酸铵原液，混合后双水相体系为 PEG 4 000（20% g/mL）、硫酸铵（25% g/mL）。分别取 4 mL PEG 和硫酸铵原液各 2 份，空白样加入 0.5 mL 蒸馏水，样品加入 0.5 mL 淀粉酶置于 15 mL 刻度离心管中轴向充分搅拌混合，3 000 r/min 离心 4 min，测定上、下相体积，计算相比。

（2）取上相 1 mL，弃去相界面处液体和少量下相，小心吸取下相 1 mL，上下相分别加入 3 mL 考马斯亮蓝 G250，测定 595 nm 下的吸光度 A 值。填入表 7 - 2，计算分配系数，绘制趋势图。

（3）实验 2、3、4 均采用此方法测定上下相吸光度值，根据蛋白浓度标准曲线方程计算出酶浓度，标准曲线方程 $Y = 0.829\,2X + 0.027\,2$。

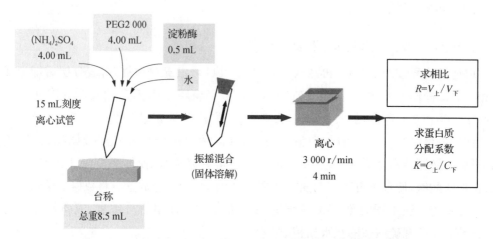

图 7 - 2　不同变量对双水相萃取 α 淀粉酶分配系数影响操作流程

表 7 - 2　不同 PEG 分子量对双水相萃取 α 淀粉酶分配系数的影响

分子量（D）	上相酶吸光度	上相酶浓度	下相酶吸光度	下相酶浓度	分配系数
2 000					
4 000					
6 000					
8 000					

3. 添加不同浓度 NaCl 对双水相萃取 α 淀粉酶分配系数的影响

（1）分别取 4 mL 40％ PEG 4 000 和 50％硫酸铵原液 8 份，按表 7-3 加入不同 NaCl 浓度，其余操作同步骤 2，读上下相体积，计算相比。

（2）按步骤 2 测定上下相中淀粉酶吸光度，按标准曲线计算浓度和 α 淀粉酶分配系数。

表 7-3　添加不同浓度 NaCl 时 α 淀粉酶分配系数

NaCl 浓度(w/w)	上相酶吸光度	上相酶浓度	下相酶吸光度	下相酶浓度	分配系数
1.0％(0.085 g)					
2.5％(0.212 5 g)					
5.0％(0.425 g)					
7.8％(0.663 g)					

4. 不同硫酸铵浓度对双水相萃取 α 淀粉酶分配系数的影响

（1）取 4 mL 40％PEG 4 000 8 份，按表 7-4 分别加入不同浓度硫酸铵原液各 2 份，其余操作同步骤 2，读上下相体积，计算相比。

（2）按步骤 2 测定上下相中淀粉酶吸光度，按标准曲线计算浓度和 α 淀粉酶分配系数。

表 7-4　不同硫酸铵浓度对 α 淀粉酶分配系数

硫酸铵浓度(g/mL)	上相酶吸光度	上相酶浓度	下相酶吸光度	下相酶浓度	分配系数
20.0％					
30.0％					
40.0％					
50.0％					

5. 不同 pH 对双水相萃取 α 淀粉酶分配系数的影响

（1）取 4 mL 40％ PEG 4 000 8 份，按表 7-5 分别加入不同 pH 含 50％硫酸铵原液各 2 份，其余操作同步骤 2，读上下相体积，计算相比。

（2）按步骤 2 测定上下相中淀粉酶吸光度，按标准曲线计算浓度和 α 淀粉酶分配系数。对于 PEG 4 000(15％ g/mL) 硫酸铵(25％ g/mL)体系，按表 7-5 记录不同 pH 时 α 淀粉酶分配系数。

表 7-5　不同 α 淀粉酶浓度时 α 淀粉酶分配系数

pH	上相酶吸光度	上相酶浓度	下相酶吸光度	下相酶浓度	分配系数
4.8					
5.5					
7.0					
8.5					

6. α 淀粉酶活性检测方法

采用碘比色法检测 α 淀粉酶活性。取一定量淀粉酶溶于磷酸盐缓冲液中,37℃结合 30 min 后,加入 0.1% 淀粉溶液 1 mL,37℃恒温反应 15 min,加入盐酸终止反应,加碘显色,加 1 mL 蒸馏水稀释反应液,以蒸馏水为空白,于 660 nm 处测吸光度值。配制不同浓度的淀粉溶液,分别取 1 mL 淀粉溶液,加 0.3 mL 2 mol/L 的盐酸,4.0 mL 的蒸馏水,再加入 0.2 mL 0.01 mol/L 的碘液显色,以蒸馏水为空白,在 660 nm 处测定吸光度值。以淀粉浓度为横坐标,吸光度值为纵坐标作标准曲线。α 淀粉酶活力单位:在 37℃条件下,1 min 内水解 1 mg 可溶性淀粉所需淀粉酶的量。

五、实验注意事项

1. 加完物料后必须将离心试管沿轴向充分振摇,直至固体全部溶解。

2. 上下相分离时注意吸管小心吸出上相,将多余上相和少量下相弃去,换吸管,吸出下相。

六、作业

1. 常用双水相体系有哪些?

2. 双水相体系形成的过程?

3. 双水相体系形成的原因?

4. 分析 PEG 分子量、浓度、pH、添加 NaCl 和酶浓度等因素对 α 淀粉酶分配系数的影响。

附　录

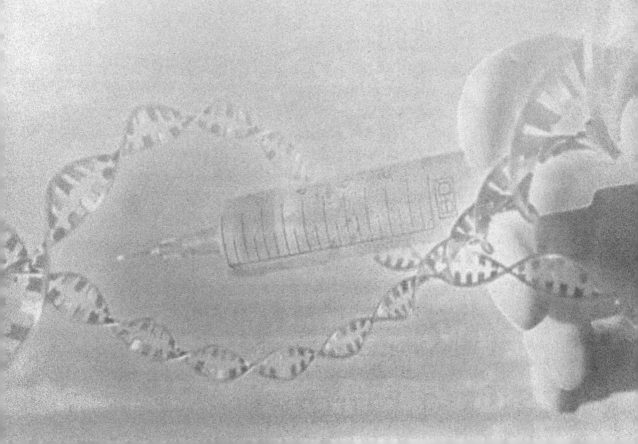

附录一　培养基的配制

1. **牛肉膏蛋白胨培养基**（细菌培养基）

牛肉膏 3 g,蛋白胨 10 g,氯化钠 5 g,琼脂 15～20 g,水 1 000 mL,pH 7.0～7.2。

在烧杯内加水 1 000 mL,放入牛肉膏、蛋白胨和氯化钠,用蜡笔在烧杯外做上记号后,放在火上加热。待烧杯内各组分溶解后,加入琼脂,不断搅拌以免粘底。等琼脂完全溶解后补足失水,用 10%盐酸或 10%的氢氧化钠调整到 7.0～7.2,分装在各个试管里,加棉花塞,高压蒸汽 121℃灭菌 20 min。

2. **马铃薯糖琼脂培养基**（真菌培养基）

马铃薯 200 g,葡萄糖 20 g,琼脂 15～20 g,水 1 000 mL。

把马铃薯洗净去皮,取 200 g 切成小块,加水 800 mL,煮沸半小时后,补足水分。然后用纱布过滤,在滤液中再加琼脂及糖（用于培养霉菌的加入蔗糖,用于培养酵母菌的加入葡萄糖）,补足水分,高压蒸汽 121℃灭菌 20 min。把培养基的 pH 调到 7.2～7.4。配方中的糖,如用葡萄糖还可用来培养放线菌和芽孢杆菌。

3. **根瘤菌培养基**

葡萄糖 10 g,磷酸氢二钾 0.5 g,碳酸钙 3 g,硫酸镁 0.2 g,酵母粉 0.4 g,琼脂 15～20 g,水 1 000 mL,1%结晶紫溶液 1 mL。

先把琼脂加水煮沸溶解,然后分别加入其他组分,搅拌溶解后,分装,灭菌,备用。

4. **淀粉琼脂培养基**（高氏培养基）

可溶性淀粉 2 g,硝酸钾 0.1 g,磷酸氢二钾 0.05 g,氯化钠 0.05 g,硫酸镁 0.05 g,硫酸亚铁 0.001 g,琼脂 2 g,水 1 000 mL。

先把淀粉放在烧杯里,用 5 mL 水调成糊状后,倒入 95 mL 水,搅匀后加入其他药品溶解。在烧杯外做好记号,加热到煮沸时加入琼脂,不停搅拌,待琼脂完全溶解后,补足失水。调整 pH 到 7.2～7.4,分装后灭菌,备用。

5. **面粉琼脂培养基**（放线菌培养基）

面粉 60 g,琼脂 20 g,水 1 000 mL。

把面粉用水调成糊状,加水到 500 mL,放在文火上煮 30 min。另取 500 mL 水,放入琼脂,加热煮沸到溶解后,把两液调匀,补充水分,调整 pH 到 7.4,分装,灭菌,备用。

6. **黄豆芽汁培养基**

黄豆芽 100 g,琼脂 15 g,葡萄糖 20 g,水 1 000 mL。

洗净黄豆芽,加水煮沸 30 min,用纱布过滤,滤液中加入琼脂,加热溶解后放入糖,搅拌溶解,补足水分到 1 000 mL,分装,灭菌,备用。

7. 豌豆琼脂培养基

豌豆 80 粒,琼脂 5 g,水 200 mL。

取 80 粒干豌豆加水,煮沸 1 小时,用纱布过滤后,在滤液中加入琼脂,煮沸到溶解,分装,灭菌,备用。

8. SOB 培养基

胰蛋白胨 20 g,酵母提取物 5 g,NaCl 0.5 g,水 1 000 mL。

待完全溶解后,加入 10 mL 250 mmol/L 的 KCl 溶液,用 5 mol/L NaOH 调节 pH 到 7.0,定容至 1 L,分装,灭菌,备用。

附录二　染色剂的配制

1. 吕氏(Loeffler)美蓝染液

A 液:取 0.6 g 美蓝,溶于 30 mL 95％乙醇中。B 液:取氢氧化钾 0.01 g,加蒸馏水 100 mL。

分别配置 A 液和 B 液,配好后混合即可。溶液既可用于放线菌染色,也可用于酵母菌染色。

2. 齐氏(Ziehl)石炭酸品红染液

A 液:取石炭酸 5 g,溶解在 95 mL 蒸馏水中。B 液:取 0.3 g 碱性品红,在研钵中研磨后,逐渐加入 10 mL 95％乙醇,继续研磨溶解。

将 A 液和 B 液混合后,摇匀,过滤,装瓶,备用。

3. 革兰氏(Gram)染液

A 液(草酸铵结晶紫染液):① 取结晶紫 2 g,溶解在 20 mL 95％乙醇中。② 取草酸铵 0.8 g,溶解在 80 mL 蒸馏水中。①②液相混,静置 48 小时后使用。

B 液(卢戈氏碘液):碘 1 克,碘化钾 2 g,溶解在 300 mL 蒸馏水中。将碘化钾溶于少量蒸馏水中,然后加入碘,待碘全部溶解后,加水稀释至 300 mL 即成。

C 液:95％乙醇溶液。

D 液(番红复染液):番红 2.5 g,溶解在 100 mL 95％乙醇中。取上述配好的番红乙醇溶液 10 mL 与 80 mL 蒸馏水混匀即成。

4. 植物细胞壁染色剂

配方一:纤维素细胞壁染液(Ⅰ)

取固绿 0.1 g,溶于 100 mL 95％酒精中,即成 0.1％固绿-酒精溶液。该液能染色纤维素细胞壁,还在动植物中作浆质染色剂。

配方二:纤维素细胞壁染液(Ⅱ)

氯化锌 20 g,碘化钾 6.5 g,碘 1.5 g,蒸馏水加至 100 mL。

先把氯化锌溶于少量蒸馏水中,再加入 6.5 g 碘化钾,在碘完全溶解后,用蒸馏水稀释到 100 mL,即成碘-氯化锌溶液。该染液能把细胞壁染成紫色,胞质染成淡黄色,胞核染成棕色。

配方三:纤维素细胞壁染液(Ⅲ)

A 液——取 1 g 碘和 1.5 g 碘化钾,溶于 100 mL 蒸馏水中,即成 1％碘液。

B液——取 7 份硫酸和 3 份蒸馏水相混,即成 66.5％硫酸溶液。

染色时,在材料上滴加 A 液,再加一滴 B 液,纤维素细胞壁就染成黄色。

配方四:木质化细胞壁染液(Ⅰ)

硫酸化苯胺 1 份,蒸馏水 70 份,95％乙醇 30 份,硫酸 30 份。

将上述各组分相混,将细胞材料放入混合液里染色,可使木质化细胞壁呈鲜黄或姜黄色。

配方五:木质化细胞壁染液(Ⅱ)

取间苯三酚 4～5 g,溶于 100 mL 95％酒精中,即成间苯三酚-酒精液。

先在材料上滴上一滴浓盐酸,然后滴上间苯三酚-酒精液一滴,木质化的细胞壁就染上樱红或紫红色。

配方六:木质化细胞壁染液(Ⅲ)

取 1 g 番红,溶于 99 mL 蒸馏水中,即成 1％番红溶液。

5. 芽孢染液

A 液:取 5 g 孔雀绿,加入少量蒸馏水溶解后,用蒸馏水稀释到 100 mL,即成孔雀绿染液。

B 液:取番红 0.5 g,加入少量蒸馏水溶解后,用蒸馏水稀释到 100 mL,即成番红复染液。

用此配方染色是用 A 液染色后,用 B 液复染。

6. 鞭毛染液

A 液:饱和明矾溶液 2 mL,5％石炭酸溶液 5 mL,20％丹宁酸溶液 2 mL。

B 液:碱性品红 11 g,95％乙醇 100 mL。

使用前取 A 液 9 mL 和 B 液 1 mL 相混,过滤即可。

7. 伊红染液

伊红染液一般分为水溶液和酒精溶液两种。

(1) 取 1 g 伊红,溶于 99 mL 蒸馏水中,即成 1％伊红水溶液(市售红墨水内含伊红成分,可以用红墨水稀释液来代替本溶液)。

(2) 取 1 g 伊红,溶于 99 mL 70％酒精中,即成 1％伊红-酒精溶液。

8. 甲基蓝染液

取 1 g 甲基蓝,溶于 29 mL 70％酒精中,加入 70 mL 蒸馏水,即成 1％甲基蓝染液。

9. 甲基绿染液

取 1 g 甲基绿,溶于 99 mL 蒸馏水中,加入 1 mL 冰醋酸。本染液能染细胞核,还用来染木质化细胞壁。

10. 龙胆紫染液

取 1 g 龙胆紫,溶于少量 2％醋酸溶液中,加 2％醋酸溶液直到溶液不呈深紫色。

11. 美蓝(亚甲基蓝)染液

取 0.5 g 美蓝,溶于 30 mL 95％酒精中,加 100 mL 0.01％氢氧化钾溶液,保存在棕色瓶内。

12. 硼砂-洋红染液

取 4 g 硼砂,溶于 96 mL 蒸馏水中。再加入 2 g 洋红,加热溶解后煮沸 30 min,静置 3 天,用 100 mL 70％酒精冲淡,放置 24 小时后过滤。

13. 醋酸-洋红染液

取 45 mL 冰醋酸,加蒸馏水 55 mL,煮沸后徐徐加入洋红 1 g,搅拌均匀后加入 1 颗锈铁钉,煮沸 10 min,冷却后过滤,贮存在棕色瓶内。

14. 龙胆紫染液

取 1 g 龙胆紫,用少量蒸馏水溶解后,加蒸馏水稀释到 100 mL,保存在棕色瓶内。

15. 甲苯胺蓝染液

取 0.5 g 甲苯胺蓝,溶解在 100 mL 蒸馏水中,即成 0.5％甲苯胺蓝水溶液。

16. 苏丹Ⅲ染液

取 0.1 g 苏丹Ⅲ,溶于 20 mL 95％乙醇中,即成 0.5％苏丹Ⅲ染液。染液能染脂肪,还能染木栓、角质层。

17. 瑞氏(Wright's)染液

取瑞氏染料粉末 0.1 g 和甲醇 60 mL。把染料放在研钵内,加少量甲醇研磨,使染料溶解,然后把溶解的染料倒入干净的棕色玻璃瓶,至用完甲醇为止。配制好的染液在室温中保存即可使用。新鲜配制的染液偏碱性,放置后呈酸性,染液贮存愈久染色效果愈好。染液的适宜 pH 是 6.4～6.8,因此,染色时加入缓冲液可维持一定的酸碱度,使染色效果更好。

附录三　玻璃仪器的洗涤

在生化检验中,玻璃仪器的清洁是获得准确结果的重要一环。目前,生化检验多采用微量或超微量法,所以在测定中尽管有精密的测量仪器和熟练的操作技术,但是如果仪器不清洁,黏附有干扰物质,会使结果产生很大的误差,甚至失去检测意义。所以仪器的清洁工作是十分重要的。洁净的玻璃仪器用蒸馏水冲洗后,内壁应十分明亮光洁,无水珠附着在玻璃壁上。若有水珠附着于玻璃壁则表示不干净,必须重新洗涤。仪器用毕后应立即清洗干净。这样不仅容易洗涤,而且下次使用也很方便。

一、洗涤玻璃仪器的一般步骤

1. 用水刷洗:使用用于各种形状仪器的毛刷,如试管刷、瓶刷、滴定管刷等。首先用毛刷蘸水刷洗仪器,用水冲去可溶性物质及刷去表面黏附灰尘。

2. 用洗涤剂刷洗:洗涤剂一般可配制成$1\%\sim2\%$的水溶液,也可用5%的洗衣粉水溶液刷洗仪器,它们都有较强的去污能力,必要时可温热或短时间浸泡。

洗涤的仪器倒置时,水流出后器壁应不挂小水珠,至此再用少许纯水冲洗仪器三次,洗去自来水带来的杂质,即可使用。

二、砂芯玻璃滤器的洗涤

1. 新的滤器使用前应以热的盐酸或铬酸洗液边抽滤边清洗,再用蒸馏水洗净。

2. 针对不同的沉淀物采用适当的洗涤剂先溶解沉淀,或反复用水抽洗沉淀物,再用蒸馏水冲洗干净,在110℃烘箱中烘干,然后保存在无尘的柜内或有盖的容器内。

三、仪器的洗涤方法

常规洗涤:利用各种洗涤液通过物理和化学方法除去玻璃器皿上的污物。根据实验要求和仪器的性质采用不同的洗液和方法。

1. 凡能用毛刷洗的器皿,均用肥皂、洗涤剂或去污粉等仔细刷洗,再用自来水冲干净,最后用蒸馏水冲洗3次,直至完全清洁后,置于器皿架上自然沥干或置烤箱干燥后备用。

2. 凡不能用毛刷洗的器皿,如容量瓶、滴定管、刻度吸管等,应先用自来水冲洗,沥干,再用重铬酸钾清洁液浸泡4~6小时或过夜,然后用自来水冲洗干净,再用蒸馏水冲洗至少3次。

3. 凡沾有染料的器皿,先用清水初步洗净,再置重铬酸钾清洁液或稀盐酸中浸泡除去,如果使用3%盐酸乙醇洗涤则效果更好。一般染料多呈碱性,故不宜用肥皂水或碱性洗液。

4. 黏附有血液的刻度吸管等,可先用 45％尿素浸泡使血浆蛋白溶解,然后用水冲洗干净,如不能达到清洁要求,则可浸泡于重铬酸钾清洁液中 4～6 小时,再用水洗涤干净,也可先用 1％氨水浸泡使血浆膜溶解,然后再依次用 1％稀盐酸和水及蒸馏水冲洗。

5. 新购置的玻璃仪器有游离碱存在,须置 1％～2％稀盐酸中浸泡 2～6 小时,除去游离碱,再用流水冲洗干净,容量较大的器皿经水洗净后注入少量浓盐酸,使布满整个容器内壁,数分钟后倾出盐酸,用流水冲洗干净,然后用蒸馏水冲洗 2～3 次。

6. 使用过的器皿,应当立即洗涤干净。如不能及时洗涤,应用流水初步冲洗后,再泡入清水中,再按第 1、2 条要求洗涤。

7. 所有器皿在用重铬酸钾清洁液浸泡前,必须用清水冲洗,然后将水沥干,再用清洁液浸泡,这样可以减少清洁液的变质。

参考文献

［1］王金发,何炎明,刘兵.细胞生物学实验教程［M］.北京:科学出版社,2010.

［2］李加友.生物工程专业实验指导［M］.北京:化学工业出版社,2018.

［3］朱旭芬.基因工程实验指导［M］.北京:高等教育出版社,2016.

［4］沈萍,陈向东.微生物学实验［M］.北京:高等教育出版社,2018.

［5］彭玲.普通生物学实验［M］.武汉:华中科技大学出版社,2006.

［6］王元秀,李华.生物化学实验［M］.武汉:华中科技大学出版社,2014.

［7］丛峰松.生物化学实验［M］.上海:上海交通大学出版社,2005.

［8］陈蔚青.基因工程实验［M］.杭州:浙江大学出版社,2016.

［9］黄秀梨,辛明秀.微生物实验指导［M］.北京:高等教育出版社,2008.

［10］翟中和,王喜忠,丁明孝.细胞生物学［M］.北京:高等教育出版社,2000.

［11］沈萍.微生物学［M］.北京:高等教育出版社,2006.

［12］翟中和,王喜忠,丁明孝.细胞生物学［M］.北京:高等教育出版社,2000.

［13］CHANDRASEGARAN B S. New vectors for direct cloning of PCR products［J］. Gene, 1993.

［14］李素文.细胞生物学实验指导［M］.北京:高等教育出版社,2001.

［15］杨汉民.细胞生物学实验［M］.北京:高等教育出版社,1997.

［16］郑国锠.生物显微技术［M］.北京:人民教育出版社,1979.

［17］NEUHOFF V, AROLD N, TAUBE D. Improved staining of proteins in polyacrylamide gels including isoelectric focusing gels with clear background at nanogram sensitivity using Coomassie Brilliant Blue G - 250 and R - 250［J］. Electrophoresis, 1988.